JN041371

ビジネス
徹底活用
丁寧解説

ピンタレスト

Pinterest
完全マニュアル

Studioノマド【著】

秀和システム

※本書は2024年2月現在の情報に基づいて執筆されたものです。
　本書で紹介している機能やサービスの内容は、告知無く変更になる場合があります。
　あらかじめご了承ください。

■本書の編集にあたり、下記のソフトウェアを使用しました

・Windows11
・iOS ／ Android

上記以外のバージョンやエディション、OSをお使いの場合、画面のバーやボタンなどのイメージが本書の
画面イメージと異なることがあります。

■注意

(1) 本書は著者が独自に調査した結果を出版したものです。

(2) 本書は内容について万全を期して作成いたしましたが、万一、ご不備な点や誤り、記載漏れなどお気付
　　きの点がありましたら、出版元まで書面にてご連絡ください。

(3) 本書の内容に関して運用した結果の影響については、上記(2)項にかかわらず責任を負いかねます。あ
　　らかじめご了承ください。

(4) 本書の全部、または一部について、出版元から文書による許諾を得ずに複製することは禁じられてい
　　ます。

(5) 本書で掲載されているサンプル画面は、手順解説することを主目的としたものです。よって、サンプル
　　画面の内容は、編集部で作成したものであり、全て架空のものでありフィクションです。よって、実在
　　する団体・個人および名称とはなんら関係がありません。

(6) 商標
　　QRコードは株式会社デンソーウェーブの登録商標です。
　　本書で掲載されているCPU、ソフト名、サービス名は一般に各メーカーの商標または登録商標です。
　　なお、本文中では™および® マークは明記していません。
　　書籍中では通称またはその他の名称で表記していることがあります。ご了承ください。

本書の使い方

このSECTIONの機能について「こんな時に役立つ」といった活用のヒントや、知っておくと操作しやすくなるポイントを紹介しています。

このSECTIONの目的です。

このSECTIONでポイントになる機能や操作などの用語です。

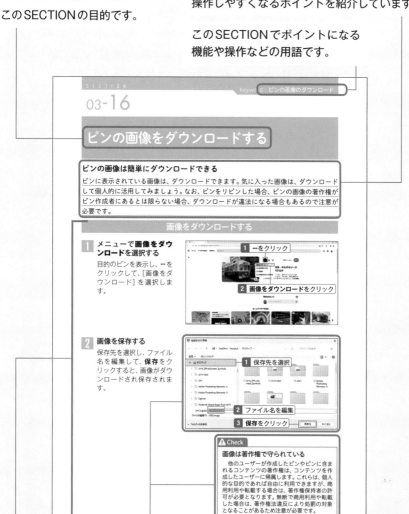

SECTION

03-16

Keyword：ピンの画像のダウンロード

ピンの画像をダウンロードする

ピンの画像は簡単にダウンロードできる

ピンに表示されている画像は、ダウンロードできます。気に入った画像は、ダウンロードして個人的に活用してみましょう。なお、ピンをリピンした場合、ピンの画像の著作権がピン作成者にあるとは限らない場合、ダウンロードが違法になる場合もあるので注意が必要です。

画像をダウンロードする

1 メニューで**画像をダウンロード**を選択する

目的のピンを表示し、…をクリックして、[画像をダウンロード]を選択します。

1 …をクリック

2 画像をダウンロードをクリック

2 画像を保存する

保存先を選択し、ファイル名を編集して、**保存**をクリックすると、画像がダウンロードされ保存されます。

1 保存先を選択

2 ファイル名を編集

3 保存をクリック

⚠ Check

画像は著作権で守られている

他のユーザーが作成したピンやピンに含まれるコンテンツの著作権は、コンテンツを作成したユーザーに帰属します。これらは、個人的な目的であれば自由に利用できますが、商用利用や転載する場合は、著作権保持者の許可が必要となります。無断で商用利用や転載した場合は、著作権法違反により処罰の対象となることがあるため注意が必要です。

98

操作の方法を、ステップバイステップで図解しています。

用語の意味やサービス内容の説明をしたり、操作時の注意などを説明しています。

❗ Check：操作する際に知っておきたいことや注意点などを補足しています。

💡 Hint： より活用するための方法や、知っておくと便利な使い方を解説しています。

📖 Note： 用語説明など、より理解を深めるための説明です。

はじめに

　Pinterestは、「ピンタレスト」と読みます。聞いたことがある人も多いでしょう。ポップで色鮮やかなテレビCMが印象的ですね。しかし、どんなサービスかと質問されると、SNSや画像収集サービスと答える人が多いんです。Pinterestを開くと、タイル形式の画像や動画がずらりと並び、ちょっとInstagramを思い起こさせるからでしょう。しかし、Pinterestは、SNSでも画像収集サービスでもありません。

　Pinterestは、インスピレーションを得るためにアイデアを集めて整理するサービスです。Pinterestでは、投稿されたアイデアを「ピン」と呼びます。「スランプを脱出する方法」、「結婚式のアイデア」など、あらゆるピンが集まっています。そんな中から自分にフィットしたピンを見つけて、なりたい自分になるためのきっかけを作ることができます。

　また、アイデアを探すだけでなく、アイデアを発信することもできます。商品やサービス情報からテクニックやコツ、生き方や考え方まで、さまざまなカテゴリのアイデアをピンとして発信できます。また、ピンには、Webサイトやブログ、オンラインストアをリンクさせることもできます。ピンを広告として利用することもできるんです。

　本書では、Pinterestの概要から広告の運用まで、Pinterestでできることを図で追って丁寧に説明しています。Pinterestは、「学ぶより触れろ」です。使い始めれば、「アイデアと出会う」ってこういうことかと腑に落ちます。本書がPinterestのある生活の一歩となれれば幸甚です。

2024年2月　Studio ノマド

目　次

Chapter01　そもそもPinterestってなに？

Chapter02　Pinterestをはじめるための準備

Chapter03　気になるピンを集めよう

そもそもPinterestって
なに？

「Pinterest」は、「ピンタレスト」と読みます。名前やロゴマークはよく知られていますが、それが何かと問われると多くの人が答えに詰まってしまうでしょう。「画像収集サービス」とか「SNS」と説明する人もいるかと思いますが、両方間違っています。Pinterestは、生活や仕事、趣味を楽しくするためのアイデアを発見、整理するためのツールです。このように言うと、あいまいな感じがしますが、使い始めてみるとこの意味がお分かりいただけると思います。まずは、Pinterestに触れてみましょう。

01-01

Pinterestってなにするもの？

自分のライフスタイルに合った情報を集めて活用できるサービス

Pinterestは、インターネット上にある記事からアイデアを集めて、整理、活用するためのサービスです。Pinterest上には多くの画像が表示されるため、SNSと思われがちですが、SNSではありません。Pinterestとは、どのようなサービスなのか確認してみましょう。

写真や動画を中心にアイデアを整理・共有するサービス

　「Pinterest（ピンタレスト）」は、アメリカのピンタレスト社が運営する、アイデアを収集したり整理したりできるサービスです。ユーザーの興味や目的ごとに作成された「ボード」に、気になるアイデアや商品などが掲載された記事をピン留めするイメージで分類、収集することができます。ただ好きなものを集めたり、アイデアをまとめたり、企画立案のヒントにしたり、ユーザーの目的に合わせて自由に活用できます。また、ユーザー自身のブログやホームページをピン（アイデア）として登録することができ、商品やサービスをアピールすることもできます。

▲アイデアをコルクボードにピン留めするイメージで収集できるサービス

Pinterest は SNS ではない？!

▲ Instagram

▲ X（Twitter）

Pinterest は、Instagram のような画像・動画を中心とした SNS と思われがちですが、ツールとしての思想が異なります。例えば、旅行に行くとしましょう。SNS の場合は、道中で起こったハプニングや食事などを発信して、他のユーザーと交流します。現在および過去の写真や記事を発信して他のユーザーと交流するツールといえます。

　それに対して、Pinterest は、旅先の観光地やグルメ、イベントの情報を検索・収集し、それらを旅行の計画を立てるために活用します。さらに、これから旅行に行く人のために、旅先での写真や動画、記事を発信することもできます。つまり、Pinterest は、現在や未来のために情報を収集して活用するツールといえます。

Pinterestでできること

Pinterestの使い方

Pinterestがアイデアを収集、活用するツールといわれてもピンとこないユーザーもいると思います。このセクションでは、Pinterestの活用法を使い方別に紹介しています。自分に合った使い方を見つけて、Pinterestをはじめてみましょう。

好きなものをとにかく集める

　小説や実用書などは、読んでみたいなと思っていても、気が付くとタイトルを忘れてしまうことも多いでしょう。映画だって、おもしろそうと思っていても、気が付いたら公開期間が過ぎてしまっているなんていうことがあるでしょう。そんなときは、Pinterestをメモ代わりにして、興味のあるものをカテゴリ別に記録します。帽子、シャツ、バッグ、化粧品…気に入ったものをどんどんピン留めして集めてみましょう。

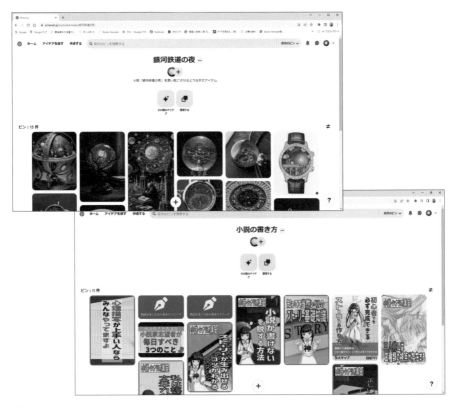

計画を立てるために使ってみよう

　結婚式をするとしましょう。結婚式場にウェディングドレス、料理、飲み物、ギフト…決めなければならないことがたくさんあります。また、マナーやコツなど知っておいた方がいい情報が盛りだくさんです。そういった情報をPinterestで集めて上手にカテゴライズし、必要な情報だけをピックアップすれば、効率よく結婚式の計画を進められます。また、旅行では、旅先の決定に移動手段の選択、旅先のグルメにホテル、お土産など、知っておくだけで旅行が何倍も楽しくなる情報がたくさんあります。Pinterestで情報を整理し、旅程をスマートに計画してみましょう。

ピンの作成者と交流しよう

　Pinterestでは、気に入ったピン（アイデア）の作成者をフォローすることができます。また、ピン（アイデア）に対してコメントを残すことができます。アイデアや記事が気に入ったらコメントを残して、ピンの作成者と交流してみましょう。ピン（アイデア）を保存すると、ピンの作成者に通知されますが、基本的にピンの作成者にとって、ピンが保存されることは評価となることから気軽に保存しましょう。さらに、気に入ったピンは、SNSなどを利用して拡散することもできます。

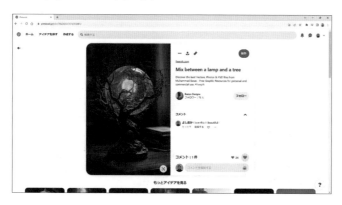

企画立案に活用しよう

　新しい商品やサービスを企画する際、競合する商品をリサーチしますよね。価格やユーザーの年齢、性別、傾向、メリットとデメリットなど、さまざまな角度からいろいろな想定をし、差別化を図る工夫をします。マーケティングの情報を収集して分類、分析することで、ビジネスに生かすことができます。また、自社の商品をピン（アイデア）としてPinterestに登録し、情報を拡散したり、ユーザーを自社のWebサイトに誘導したりすることもできます。Pinterestを利用して、ビジネスの活性化を図りましょう。

▲ピンに自社のサイトへのリンクを設定してユーザーを誘導できます

広告を配信できる

　Pinterestでは、ユーザーの商品やサービスなどの広告を配信できる「Pinterestアド」というサービスを提供しています。Pinterestアドでは、商品やサービスなどの広告をピンタレストのフィードや検索結果、関連ピンの一覧に表示させることができます。検索キーワードやピンのカテゴリなどを利用したターゲティングも可能です。なお、Pinterestアドを利用する場合は、ビジネスアカウントを開設する必要があります。

▲**ホームフィード**や検索結果のピンの一覧に広告を掲載できます

オンラインストアと連携できる

　Pinterestは、ShopifyやWooCommerなど、オンラインストアサービスと連携でき、ビジネスをサポートすることができます。Pinterestとオンラインストアを連携すると、商品をPinterestにピン留めしておけば、興味のあるユーザーをオンラインショップに誘導することができます。ピンには、商品画像の他に商品名や価格、在庫などが表示され、ひとめで購入可能な商品とわかり、購買意欲を刺激できます。

⚠ Check

著作権侵害には注意しよう
　Pinterestは、他のユーザーのアイデアを収集し活用するためのサービスのため、自分のボードには他のユーザーの画像やテキストが表示されます。個人的に収集したピンを活用する場合は問題ありませんが、自分の商品やアイデアをピンとして発信する場合には、他のユーザーのピンを自分のピンであるかのように並べたりすることは、著作権侵害に当たる可能性があります。特にビジネスアカウントのユーザーは、他のユーザーのピンの扱いには注意が必要です。

01-03

Pinterestの利用で知っておきたい用語

Pinterest用語に慣れよう

Pinterestは、「Interest（インタレスト・興味）」のあるものをボードに「Pin（ピン）」で留めることを意味する造語です。そのため、Pinterest上に表示されているアイデアや商品を「ピン」と呼んでいます。このセクションでは、Pinterestを利用するために、必要な用語を解説します。

「ピン」はボードに保存されたアイデアや画像

　「ピン」とは、Pinterestに保存された商品やWebサイトの記事のことで、画像または動画で表示されています。ピンは、**ホームフィード（ホーム**画面）、検索結果、などに画像、動画のサムネイルが一覧形式で表示されます。目的のピンをクリックすると、そのピンの画面が表示され、タイトルをクリックするとピン作成者のWebサイトなどが表示されて、詳細を確認することができます。なお、ピンは、20万件保存でき、初期設定では他のPinterestユーザーに公開されます。

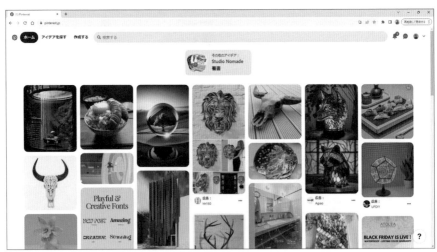

▲**ホームフィード**や検索結果に表示されたひとつひとつのタイルが「ピン」です

ピンの種類

　ピンには、1件の画像を保存できる「画像ピン」、複数の動画を保存できる「動画ピン」、Webサイトの情報を自動的に同期できる「リッチピン」の3種類があります。また、「リッチピン」には、料理のレシピに付けられる「レシピピン」、アイデアなどWebサイトの記事に付けられる「記事ピン」、オンラインストアで販売されている商品に付けられる「プロダクトピン」の3種類があります。

▼ピンの種類

種類	ピンの概要
画像ピン	1枚の写真・イラストをピン留めできます。
動画ピン	1つまたは複数の動画をピン留めできます。
リッチピン	Webサイトの情報をピン留めでき、自動的にWebサイトと同期します。記事ピン、レシピピン、プロダクトピンの3種類があります。

▼リッチピンの種類

種類	ピンの概要
記事ピン	Webサイトの情報をピン留めできます。ピンに著者名、タイトル、説明文を追加できます。
レシピピン	Webサイトに掲載されたレシピをピン留めできます。ピンに料理名、分量、調理時間、レシピの評価、食べ物の好み、材料の一覧などを表示できます。
プロダクトピン	購入可能な商品やサービスをピン留めできます。最新の価格、在庫状況、商品の詳細を表示できます。

▲記事ピン

▲レシピピン

▲プロダクトピン

「トピック」は自分の関心があるカテゴリ

　「トピック」とは、アカウント作成時に選択する自分の関心があるカテゴリのことです。**ホームフィード**には、トピックの内容が参照され該当するピンが一覧で表示されます。トピックの影響は大きいため、トピックの選択はよく考えて行いましょう。なお、2024年1月現在、PCからはトピックの削除はできますが新規追加はできません。トピックを編集したいときは、スマートフォンの**Pinterest**アプリを利用します。

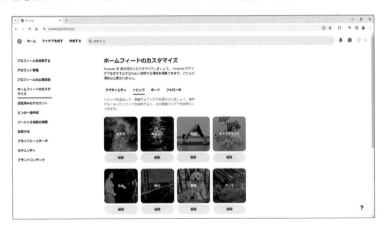

「ボード」はピンを保存するフォルダ

「ボード」は、ピンを保存するフォルダのような機能で、ピンを分類し、管理することができます。ボードの名前には、収集するピンのカテゴリを指定すると、ピンをわかりやすく管理することができます。また、ボードは、サブボードを持つことができ、ピンをより小さなカテゴリで分類して管理することもできます。また、イベントの企画など、グループで利用したいときはグループボード、集めたピンを他のユーザーに公開したくない場合はシークレットボードを利用してピンを管理します。

▲自分のボードはプロフィール画面の**保存済み**タブに表示されます

▲ボードには保存したピンとサブボードが表示されます

「リピン」は他のユーザーのピンを自分のボードに保存すること

「リピン」は、他のユーザーがピンとして保存したコンテンツを自分のボードに保存することで、X（旧Twitter）でいうリツイートのような機能です。リピンすると、ピンの作成者に自動的に通知が送信されますが、ピンの作成者にとってリピンされることは人気の目安となります。遠慮なくリピンしましょう。

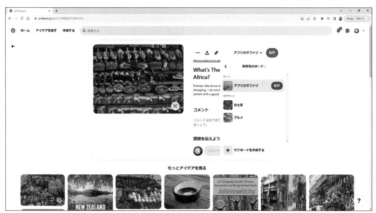

▲他の人のピンを自分のボードに保存することを「リピン」といいます

ピンの作成者を「フォロー」してみよう

Pinterestでは、他のユーザーを「フォロー」することができます。アカウントをフォローすると、そのユーザーのすべてのボードがフォローされ、すべてのピンが**ホームフィード**に表示されるようになります。また、ボード単位でフォローすることもできます。ボード単位でフォローした場合は、フォローしたボードに保存されたピンが**ホームフィード**に表示されます。関心のあるアカウントやボードをフォローして、必要な情報を収集しやすいように利用しましょう。

［ホームフィード］を確認しよう

　ホームフィードは、Pinterestを開くと最初に表示される画面です。上部にユーザーが作成したボードが表示され、下部にユーザーが興味のありそうなピンがリスト表示されています。**ホームフィード**のピンのリストには、ユーザーが保存したピンに関連したピンや検索キーワードに関連するピンが表示され、Pinterestを使うほどにユーザーに便利なようにカスタマイズされていきます。

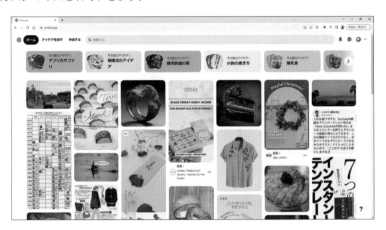

［アイデアを探す］画面でトレンドを確認する

　アイデアを探す画面では、流行っているモノやキーワードが一覧で表示され、現在のトレンドを確認できます。**アイデアを探す**画面を表示するには、上部にある**アイデアを探す**タブをクリックします。**アイデアを探す**画面でいいなと思うピンを探して、気軽にピンを保存してみましょう。

［設定］画面でPinterestの機能を制御する

　Pinterestのアカウントやプロフィール、セキュリティなど、基本的な機能を制御するのは**設定**画面です。**設定**画面は、プロフィールのアイコンの右にある ˇ をクリックすると表示されるメニューで**設定**を選択して表示します。**設定**画面では、左側にあるメニューを選択して目的の画面を表示し、必要な機能の設定を変更します。

メニュー	内容
プロフィールを編集する	個人情報やプロフィールの情報を管理、編集できる画面です。
アカウント管理	アカウントの種類やビジネス目的などの情報を管理します。
プロフィールの公開設定	プロフィールの表示設定を制御します。
ホームフィードのカスタマイズ	ホームフィードをカスタマイズする画面です。トピックやボード、フォローを管理します。
認証済みのアカウント	Web サイト認証を行います。
ピンの一括作成	ピンを一括で作成する際に利用します。
ソーシャル機能の権限	他のユーザーからあなたに対するアクションを制御できます。
お知らせ	通知を設定します。
プライバシーとデータ	Pinterest が広告主と共有する情報を制御したり、表示される広告などを管理したりします。
セキュリティ	ログイン時のセキュリティやアプリの連携を管理できます。
ブランドコンテンツ	クリエイターとブランド（企業）のコラボレーションを設定するサービスです。

Pinterestを
はじめるための準備

Pinterestを始めるためには、Pinterestのアカウントを取得す
る必要があります。また、プロフィールの登録やコメント書き
込み、セキュリティなど、利用を開始するまでに設定しておい
た方が良い機能もあります。Pinterestにどんな機能があるの
か確認しながら、必要な機能を設定しておきましょう。

02-01

Pinterestのアカウントを作成する

パソコンでPinterestのアカウントを作成する

Pinterestを利用するには、アカウントを作成する必要があります。アカウントはメール
アドレスの新規登録または既存のGmail、Facebook、LINEのいずれかのアカウントの流
用で作成できます。まずは、アカウントを作成してPinterest利用の一歩を踏み出してみ
ましょう。

Pinterestのアカウントを作成するには

1 アカウントの作成画面を表示する

Webブラウザで、Pinterestのホームページを表示し、右上にある**無料登録**をクリックします。

2 メールアドレスとパスワードを登録する

登録するメールアドレスを入力し、半角英数字6文字以上のパスワードを入力して、生年月日を指定し、**続行**をクリックします。

🎈 Hint

GmailまたはFacebook、LINEのアカウント情報から作成する

　Pinterestのアカウントは、メールアドレスを登録するほかに、既存のGmailやFacebook、LINEのア
カウントの情報をPinterestのアカウント情報として登録することも可能です。GmailやFacebook、
LINEのアカウント情報を利用してPinterestのアカウントを作成するには、Pinterestのホームページ
で［無料登録］をクリックし、表示される画面でF［Facebookでログイン］、［Gmailで続ける］、［LINE
で続行］のいずれかをクリックし、表示される画面の指示に従います。

3 次へをクリックする

メールアドレスを確認し、
次へをクリックします。

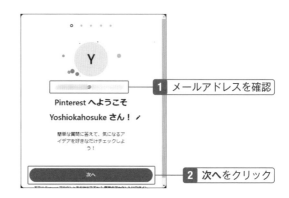

1 メールアドレスを確認

2 次へをクリック

4 性別を選択する

性別を選択し、**次へ**をク
リックします。

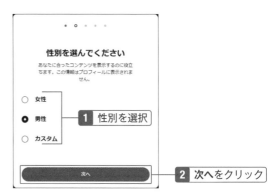

1 性別を選択

2 次へをクリック

5 好きなトピックを選択する

気になるトピックをすべ
てオンにし、**ホームフィー
ドを見てみましょう**をク
リックします。

1 目的のトピックをオンにする

2 ホームフィードを見て
みましょうをクリック

6 アカウントの作成を完了する

完了をクリックし、アカウント作成を終了します。

1 **完了**をクリック

7 解説を確認する

表示された解説を確認しよう。

1 表示される内容を確認

📋 Note

トピックを選択しよう

　「トピック」は、ユーザーが興味を持っているカテゴリです。手順5の図で、ユーザーが興味のあるカテゴリを選択すると、**ホームフィード**（Pinterestでのトップページに当たる画面）や検索結果のピン一覧に、選択したトピックに該当するピンが表示されます。なお、トピックを編集したいときは、2章のSec04を参照してください。

8 ホームフィードが表示された

ホームフィードが表示されます。

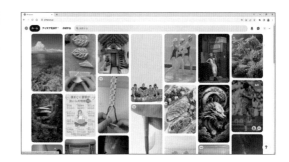

📑 **Note**

アカウントを一時停止する

Pinterestをしばらく休みたい場合は、アカウントを一時停止することができます。アカウントを一時停止するとプロフィールやピン、ボードを一時的に非表示にできます。アカウントを一時停止するには、プロフィールのアイコンの右にある∨をクリックし、メニューで[設定]を選択して[設定]画面を表示します。左のメニューで、[アカウント管理]を選択すると表示される画面で[アカウントを一時停止する]をクリックし、表示される確認画面で[続行]をクリックします。

▲[アカウントを一時停止する]をクリックするとアカウントを停止できます

🏓 **Hint**

Windows用[Pinterest]アプリを利用しよう

Pinterestでは、Windowsパソコン用のアプリを用意しています。Windows用**Pinterest**アプリは、Microsoftストアで無償で配布されています。「Pinterest」または「ピンタレスト」をキーワードに検索してみましょう。Pinterestを頻繁に利用する場合は、**Pinterest**アプリをインストールしておくと、Webブラウザでの検索の手間を省き簡単に表示できて便利です。

●[Pinterest]アプリのホームフィード

▲Webサイトと同じ画面構成ため、アプリを学び直す必要なく利用できます

アカウントを追加する

Pinterestでは、複数のアカウントを運用することができます。目的ごとにアカウントを追加して、効率よく運用してみましょう。アカウントを追加するには、プロフィールのアイコンの右にある∨をクリックし、メニューで[アカウントを追加する]を選択すると表示される画面で、[個人アカウントを新規作成する]または[ビジネスアカウント（無料）を作成する]にある[作成する]をクリックします。

ビジネスアカウントを取得する

Pinterestのアカウントには、個人アカウントとビジネスアカウントがあります。ビジネスアカウントでは、自社のWebサイトが認証を受けることができ、ボードやピンへの訪問者を自社Webサイトに呼び込むことができます。また、分析ツールのアナリティクスや広告を出稿できるPinterestアドを利用することもできます。ビジネスアカウントを取得するには、Pinterestのトップページで**無料登録**をクリックすると表示される画面で、最下部の**無料のビジネスアカウントを作成する**をクリックして、表示される画面の指示に従います。

▲Pinterestのトップページで**無料登録**をクリックすると表示されるこの画面で、最下部の**無料のビジネスアカウントを作成する**をクリックします。

▲この画面が表示されるので、メールアドレスとパスワード、生年月日を入力し、**アカウントを作成する**をクリックして、表示される画面の指示に従います。

02-02

スマホでPinterestのアカウントを取得する

スマホでPinterestアカウント取得する

Pinterestには、iPhone用とAndroidスマホ用のアプリが用意されています。いいアイデアを思い付いたら、いつでもどこからでもPinterestにアクセスして、アイデアを保存しましょう。スマホでPinterestの利用を開始する場合は、アプリからアカウントを作成することができます。

[Pinterest] アプリをインストールする (iPhone)

1 App Store を表示する

iPhoneのホーム画面で**App Store**アプリのアイコンをタップします。

`1 App Store をタップ`

2 Pinterestアプリを検索する

下部で**検索**をタップすると表示される検索ボックスに「Pinterest」または「ピンタレスト」と入力して、検索を実行します。

`1 検索をタップ`

`2 検索ボックスに「Pinterest」と入力`

`3 検索を実行`

3 Pinterestアプリの詳細を表示する

検索結果で**Pinterest**をタップし、詳細画面を表示します。

`1 Pinterestをタップ`

4 Pinterestアプリをインストールする

Pinterestアプリについての詳細を確認し、**入手**をタップします。

1 Pinterestアプリの詳細を確認

2 入手をタップ

5 Pinterestアプリのインストールを承認する

iPhone本体の電源ボタンを続けて2回押して、ダウンロードとインストールを承認します。

1 iPhone本体の電源ボタンを2回連続で押す

6 Pinterestアプリがインストールされた

PinterestアプリがiPhoneにインストールされました。

📋 **Note**

Android版アプリをインストールする

Android版アプリをインストールする場合は、**Googleプレイ**アプリを表示して、「Pinterest」をキーワードに検索し、インストールを実行します。Android版アプリでの操作は、ほとんどiOS版と同じですが、メニューの名前が異なる場合もあります。本書では、iOS版と違う箇所は、併記して対応しています。

1 Pinterestアプリを起動する

iPhoneのホーム画面で**Pinterest**アプリのアイコンをタップします。

2 アカウント登録画面を表示する

アカウントを無料登録をタップし、アカウント作成画面を表示します。

3 メールアドレスを登録する

Pinterestに登録するメールアドレスを入力し、**次へ**をタップします。

4 パスワードを登録する

半角英数字で6文字以上のパスワードとなる文字列を入力し、**次へ**をタップします。

02

Pinterestをはじめるための準備

パスワードは半角英数字で6文字以上

　Pinterestアカウントへのログインパスワードは、半角英数字6文字以上で設定します。誕生日など推測されやすいパスワードは、個人情報漏洩や悪用につながるため避けましょう。

5 ユーザー名を編集する

ユーザー名にはメールアドレスの「@」より前の部分が自動的に入力されます。名前を変更する場合は、半角英数字で入力し**更新**をタップします。

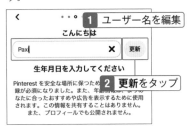

6 生年月日を設定する

生年月日を選択し、**次へ**をタップします。

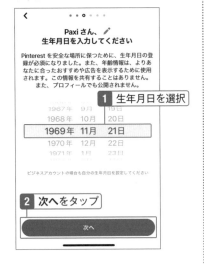

7 性別を登録する

性別を選択します。

8 居住国・地域を登録する

住居のある国や地域を選択し、**次へ**をタップします。

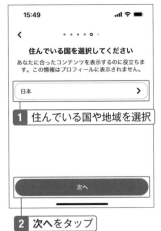

9 気になるトピックを登録する

気になるトピックをオンにし、**ホームフィードを見てみましょう**をタップします。

1 目的のトピックをオンにする

お好きなトピックを選択してください

5件選択してホームフィードをカスタマイズしましょう

風景写真　携帯電話の壁紙　自然の写真

動物　漫画　グラフィックデザイン

アート　マンガアート　女優

ホームフィードを見てみましょう

2 ホームフィードを見てみましょうをタップ

トピックは多いくらいがよい

トピックは、ユーザーの関心のあるカテゴリで、手順9で選択したトピックに該当するピンが［ホームフィード］に表示されます。トピックは、後から削除できるので、少しでも気になるカテゴリがあればすべて追加しておくとよいでしょう。

10 Pinterestの概要を確認する

Pinterestの概要が表示されますが、自動的に**ホームフィード**が表示されます。概要の内容を確認しましょう。

検索や保存をすることで、フィードがカスタマイズされます

1 記載の内容を確認

11 Pinterestアカウントの取得が完了した

Pinterestアカウントの取得が完了し、**ホームフィード**が表示されます。

すべて

0:36

凄まじく要領が良い人の特徴⑩

02-03

プロフィールを編集する

アカウント登録後にはプロフィールを編集しよう

Pinterest アカウントを作成すると、自動的にプロフィールが作成されます。プロフィールを編集したいときは、プロフィール画面を表示し、**プロフィールを編集する**をクリックすると表示される**プロフィールを編集する**画面で氏名やユーザー名、概要などを変更します。

プロフィールを変更する（パソコン/Webブラウザ）

1 プロフィール画面を表示する

右上の**プロフィール**のアイコンをクリックし、**プロフィール**画面を表示します。

1 **プロフィール**をクリック

2 プロフィールの編集画面を表示する

プロフィールを編集するをクリックし、**プロフィールを編集する**画面を表示します。

1 **プロフィールを編集する**をクリック

📝 **Note**

プロフィールの編集画面を表示する

プロフィールの編集画面はこの手順の他に、プロフィールのアイコンの右にある ⌄ をクリックし、メニューで［設定］を選択して［設定］画面を表示します。左のメニューで一番上が［プロフィールを編集する］なので、自動的にプロフィールの編集画面が表示されます。

3 プロフィールの内容を変更する

必要に応じて**名**、**姓**、**概要**、**ウェブサイト**、**ユーザー名**の内容を修正します。また、プロフィール画像を変更したいときは、**写真の変更する**をクリックします。

プロフィールを編集する

個人情報は公開しないでください。ここに追加した情報は、あなたのプロフィールを閲覧できるすべてのユーザーに表示されます。

写真

Y　変更する　**2** **写真の変更するをクリック**

名
Yutaka

姓
Yoshioka

概要
楽しんだもの勝ち！

ウェブサイト
https://studio-nomade.jp/

ユーザー名
papapapapaxi

www.pinterest.com/papapapapaxi

1 プロフィールの内容を変更

［姓名］と［ユーザー名］の違い

　プロフィールには、**姓**、**名**と**ユーザー名**の2種類の名前を登録します。**姓**、**名**（モバイル版では**名前**）は、他のユーザーがプロフィールを表示した際に、プロフィール写真の下に大きく表示され、漢字やかなでも登録可能です。実名でなくても構いません。**ユーザー名**は、プロフィール画面の「名前」の下に小さく表示され、半角英数字のユーザー固有の名前です。**ユーザー名**の文字数は3〜30文字で、わかりやすく覚えやすい名前を付けておくとよいでしょう。

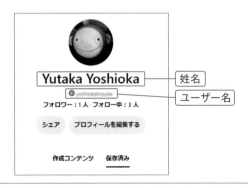

Yutaka Yoshioka ─── 姓名
yoshiokahosuke ─── ユーザー名
フォロワー：1人・フォロー中：3人

シェア　プロフィールを編集する

作成コンテンツ　保存済み

4 写真の選択画面を表示する

写真を選択をクリックし、写真の選択画面を表示します。

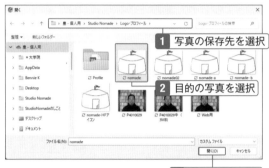

プロフィール写真を変更する

写真を選択

1 写真を選択をクリック

5 写真を変更する

写真の保存先を開き、目的の写真を選択して、**開く**をクリックします。

1 写真の保存先を選択

2 目的の写真を選択

3 開くをクリック

🔍 **Hint**

プロフィールのカバー画像を設定する

　ビジネスアカウントの場合、プロフィールにはプロフィール画像の背景にカバー画像を設定することができます。カバー画像を設定すると、アピールポイントをわかりやすく強調したり、ユーザーへのインパクトを強めたりすることができ、アカウントのブランドパワーを高めることができます。なお、プロフィールのカバー画像の設定手順は、5章のSection08を参照ください。

Studio Nomade
ⓟ yoshiokahosuke

🌐 studio-nomade.jp · Studio Nomade（スタジオ ノマド）は、パソコンやインターネット、スマートフォンなどの、デジタル機器・コンテンツに関す... さらに表示

0 フォロワー · 4 フォロー中

1か月あたりの表示回数：3.2万

プロフィールを編集　　クリエイターハブ

作成コンテンツ　保存済み

6 プロフィールの変更を保存する

保存するをクリックし、プロフィールの変更を保存します。

1 保存するをクリック

2 プロフィールの変更が保存されます

📋 **Note**

プロフィールや検索されることを意識する

プロフィールを編集する場合、プロフィールが検索されることを意識しましょう。自分のボードやピンに魅力を感じたユーザーがプロフィールを見に来る可能性もあります。また、ブログやオンラインストアを開設している場合、プロフィールへの訪問者がそのままブログやオンラインストアの読者になることもあります。プロフィールの名前や概要文には、検索して欲しいキーワードを含めたり、ブログやオンラインストアの名前を織り込んだりするなど工夫しましょう。

💡 **Hint**

プロフィールやボードをシェアする

プロフィールやボードを友だちなどにシェアしたいときは、プロフィール画面を表示し、**シェア**をクリックすると、Pinterest内でのシェア先やシェアに使用するアプリの一覧が表示されるので、目的のものをクリックし、シェア先を指定して送信します。

プロフィールを編集する（iPhone）

1 **プロフィール**のアイコンをタップする

プロフィールのアイコンをタップし、保存したピンとボードの一覧を表示します。

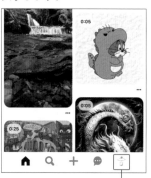

`1 プロフィールをタップ`

2 プロフィール画面を表示する

プロフィールのアイコンをタップし、プロフィール画面を表示します。

`1 プロフィールをタップ`

⚠️ Check

Android版アプリでプロフィールを編集する

Android版アプリでプロフィールを編集する手順は、iOS版の手順とほとんど同じですが、プロフィール画面での各項目の表示順が異なっていることと、[自己紹介] が [詳細] と表示されています。

3 プロフィールの編集画面を表示する

プロフィールを編集をタップし、プロフィールの編集画面を表示します。

`1 プロフィールを編集をタップ`

4 自己紹介の編集画面を表示する

必要に応じて**名前**、[**ウェブサイト**]を編集し、**自己紹介**の**＞**をタップして自己紹介の編集画面を表示します。

`2 自己紹介の＞をタップ`

5 自己紹介文を編集する

自己紹介文を編集し、**完了**をタップします。

6 編集画面を終了する

必要に応じて**ユーザー名**を編集し、**完了**をタップします。

7 プロフィールが変更された

プロフィールが更新され、変更が反映されます。

🥄 Hint

プロフィール画像を変更する

プロフィールの画像を変更する場合は、この手順に従って［プロフィールを編集］画面を表示し、プロフィール画像の下にある［編集］をタップして、表示されるポップアップで［写真を撮る］または［カメラロールから選択］を選択して手順を進めます。プロフィール画像は、目立つ写真や色のものを設定しましょう。プロフィール画像が目立つピンは、［ホームフィード］でユーザーの目を引きます。

02

Pinterestをはじめるための準備

02-04

トピックを変更する

トピックを後から修正・変更する

［ホームフィード］に表示されるピンは、アカウント作成時にユーザーが指定したトピックに関連する内容のものが表示されます。トピックを後から変更したいときは、スマホの［Pinterest］アプリから変更します。2024年2月現在、パソコンのWebブラウザからは、トピックを追加することができません。

トピックを編集する（パソコン/Webブラウザ）

1 ［ホームフィードのカスタマイズ］画面を表示する

右上にある［プロフィール］のアイコンの右の∨をクリックし、**ホームフィードのカスタマイズ**を選択します。

2 不要なトピックを解除する

トピックタブを選択すると、ユーザーがアカウント作成時に選択したトピックが一覧で表示されます。不要なトピックは、**削除**をクリックしてトピックの登録を解除します。

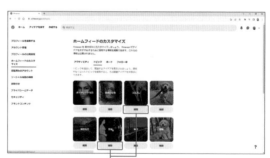

📝 **Note**

トピックとは

Pinterestでの「トピック」とは、カテゴリのことで、アカウント作成時に興味のあるトピックを設定します。**ホームフィード**には、ユーザーが設定したトピックに基づいて、関連するピンがリスト表示されます。

⚠ **Check**

パソコンではトピックを追加できない

アカウント取得時に設定したトピックは編集できますが、2024年2月現在、パソコンのWebブラウザ、**Pinterest**アプリでは追加することはできません。トピックを追加したいときは、iOS版またはAndroid版の**Pinterest**アプリから行います（次ページ以降参照）。

3 不要なトピックが解除された

トピックの登録が解除されます。

トピックを編集する（iPhone）

1 プロフィールのアイコンをタップする

Pinterestアプリを起動し、**プロフィール**のアイコンをタップします。

1 Pinterestアプリを起動

2 プロフィールのアイコンをタップ

2 メニューを表示する

右上の3つの点のアイコンをタップし、メニューを表示します。なお、Android版アプリでは歯車型のアイコンをタップしてメニューを表示します。

1 3つの点のアイコンをタップ

3 設定画面を表示する

設定をタップして［設定］画面を表示します。

1 設定をタップ

4 ホームフィードをカスタマイズ画面を表示する

ホームフィードのカスタマイズをタップします。

1 ホームフィードのカスタマイズをタップ

5 トピックを編集する

トピックタブを選択して、追加したいトピックの＋をタップしてオンにし、不要なトピックの✓をタップしてオフにします。編集が完了したら左上の✕をタップして画面を閉じます。

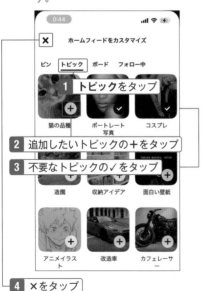

1 トピックをタップ

2 追加したいトピックの＋をタップ

3 不要なトピックの✓をタップ

4 ✕をタップ

6 画面を閉じて変更を反映する

左上の［×］をタップして画面を閉じます。変更内容が反映されます。

1 ✕をタップ

02-05

ユーザーをメンションできる権限を制御する

メンションとは

「メンション」は、コメント欄など他のユーザーの目に触れる場所で、特定のユーザーを指定してメッセージを送る機能です。Pinterestのコメント欄では、ユーザー名の前に「@」を付けることで相手を特定し、メンションすることができます。

ユーザーをメンションできる相手を指定する

１ **設定画面を表示する**

右上にある**プロフィール**のアイコンの右の ✓ をクリックしてメニューを表示し、**設定**を選択します。

1 ✓ をクリック

2 設定を選択

２ メンションできる相手を指定する

左のメニューで**ソーシャル機能の権限**を選択し、**@メンション**でユーザーをメンションできる相手を指定して、最下部の**保存する**をクリックします。ここでは**フォローしているユーザーのみ**を選択します。

1 ソーシャル機能の権限を選択

2 自分をメンションできる相手を選択

3 保存するをクリック

> 🎾 **Hint**
>
> **自分をメンションできる相手を指定する**
>
> コメント欄でメンションされて個別に誹謗中傷されたり、つきまとわれたりすると、他のユーザーとコミュニケーションをとるのが怖くなってしまいます。このような場合は、この手順に従って、あらかじめ自分にメンションできるユーザーを指定しておきましょう。**@メンション**では、メンションできる相手を**Pinterestのすべてのユーザー**、**フォローしているユーザーのみ**、**オフにする**から選択できます。なお、メンションの制限は、スマホのアプリからは設定できません。

02-06

メッセージの受け取り方を指定する

セキュリティの観点からも設定しておくといい

知らないユーザーからメッセージが届くと、少しびっくりしますよね。その内容によっては、返信した方がいいのかしない方がいいのか、判断に困ってしまうこともあります。知らないユーザーからはメッセージを受信しないなど、メッセージの受信方法を設定しておけばトラブルを防ぐことができます。

メッセージの受信方法を指定する（パソコン/Webブラウザ）

1 **設定**画面を表示する

右上にある**プロフィール**のアイコンの右の ∨ をクリックしてメニューを表示し、**設定**を選択します。

2 受信方法の変更画面を表示する

左のメニューで**ソーシャル機能の権限**を選択し、**メッセージ**で目的の対象の**編集**をクリックします。ここでは**フォロワー**を編集します。

1 ソーシャル機能の権限を選択

2 フォロワーの編集をクリック

🔑 Hint

メッセージの受信方法を指定する

Pinterestでは、友達やフォロワー、フォロー中のユーザーなどから送信されたメッセージをどのように受信するのか指定できます。メッセージの受信方法を「受信ボックスで受け取る」、「リクエストを受け取る」、「受け取らない」の3つから選択することができます。

<table>
<tr><td>**3**</td><td>メッセージの受け取り
方を指定する</td></tr>
</table>

受信トレイ、リクエスト、受け取らないからメッセージの受け取り方を選択し、保存するをクリックします。ここでは受信トレイを選択します。

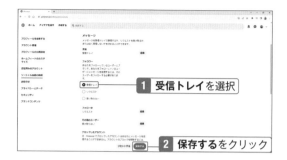

1 受信トレイを選択

2 保存するをクリック

[リクエスト] を選択すると通知が届く

手順 **3** の図でメッセージの設定を**リクエスト**に設定すると、メッセージの着信があると、「(ユーザー名) があなたにメッセージを送信しようとしています」との通知があります。相手の名前をクリックすると、その人のプロフィールが表示されるので確認できます。また、**プレビュー**をクリックするとメッセージの内容を確認でき、**承認**をクリックしてメッセージのやり取りを開始します。

▲相手の名前をクリックするとプロフィールが表示されます。[プレビュー]をクリックすると送信されたメッセージを確認できます (下の図参照)

▲ [承認] をクリックすると、メッセージのやり取りができるようになります

1 **プロフィール**のアイコンをタップする

右下の**プロフィール**のアイコンをタップし、ピンとボードの一覧を表示します。

1 プロフィールのアイコンをタップ

2 メニューを表示する

右上の3つの点のアイコンをタップし、メニューを表示します。なお、Android版アプリでは、歯車型のアイコンをタップします。

1 3つの点のアイコンをタップ

3 **設定**画面を表示する

設定をタップして、**設定**画面を表示します。

1 設定をタップ

4 ソーシャル機能の権限設定画面を表示する

ソーシャル機能の権限設定とアクティビティ（Android版アプリでは**ソーシャル機能の権限**）をタップします。

1 ソーシャル機能の権限設定とアクティビティをタップ

5 メッセージの設定画面を表示する

メッセージの設定をタップし、**メッセージの設定**画面を表示します。

1 メッセージの設定をタップ

6 メッセージの設定画面を表示する

設定を変更する対象をタップします。ここでは、**フォロー中**をタップします。

1 フォロー中をタップ

7 メッセージの受け取り方を指定する

メッセージの受け取り方を選択し、左上の**＜**をタップして設定を終了します。なおここでは、**受信トレイ**を選択します。

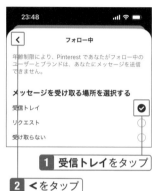

1 受信トレイをタップ

2 ＜をタップ

8 メッセージの設定が更新された

メッセージの設定が更新されます。

02

Pinterestをはじめるための準備

02-07

コメントの書き込みを制御する

コメントのコントロールは必須事項

ピンやボードへのコメントは、他のユーザーとコミュニケーションを取る方法というだけでなく、評価や人気の目安となる重要な機能ですが、迷惑行為の温床となっている機能でもあります。コメント機能をうまく活用するためにも、コメントの範囲を設定しましょう。

コメントの追加を制御する（パソコン/）Web ブラウザ）

1 設定画面を表示する

右上にある**プロフィール**のアイコンの右の ✔ をクリックしてメニューを表示し、［設定］を選択します。

2 コメントの追加を有効にする

ソーシャル機能の権限を選択し、**コメント**にある**コメントの追加を許可**をオンにします。コメントの追加を禁止する場合は、この設定をオフにします。

> 1 **コメントの追加を許可**をオンにする

⚠ Check

コメントの追加/禁止を切り替える

コメントは、他のユーザーと交流できるツールで、500文字まで書き込むことができます。しかし、誹謗中傷やつきまといなど、コメントをめぐってトラブルになることもあります。コメントがPinterest利用の妨げになる場合は、この手順に従ってコメントの追加を無効にしましょう。

3 コメントにフィルターを
設定する

**自分のピンに対するコメ
ントをフィルターする**を
オンにし、非表示の対象と
なる単語を入力して、**保存
する**をクリックします。

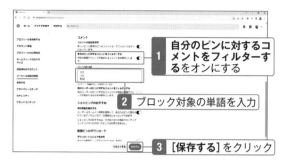

1 自分のピンに対するコ
メントをフィルターす
るをオンにする

2 ブロック対象の単語を入力

3 [保存する]をクリック

コメントを制御する（iPhone）

1 ソーシャル機能を制御する画面
を表示する

P.50の手順で**設定**画面を表示し、
**ソーシャル機能の権限設定とアク
ティビティ**をタップします。

1 設定画面を表示

2 ソーシャル機能の権限
設定とアクティビティ

2 コメントの履歴を表示する

コメント履歴をタップして、コメン
トの履歴を一覧で表示します。

1 コメント履歴をタップ

02

Pinterestをはじめるための準備

3 コメントの履歴を確認する

過去に書き込んだコメントの一覧が
表示されます。確認したら左上の×
をタップして画面を閉じます。なお、
コメントをタップすると、書き込み
先のピンが表示されます。

```
15:39                        ‖ 🔋
┌─┐
│×│      コメント履歴
└─┘
  📷  「Mix between a lamp and a tree」にコメン
      トしました 5日

      "I love this !! Beautiful !"
```

1 1確認が終わったら
左上の×をタップ

4 コメントの追加を有効にする

コメントの追加を許可をオンにし、
コメントの書き込みを有効にしま
す。なお、コメントの書き込みを禁
止する場合は、これをオフにします。

```
15:39                        ‖ 🔋
‹   ソーシャル機能の権限設定とアクティビティ

コメント履歴
これまでに追加したコメントを確認し、コ       ›
メントしたピンにアクセスできます

コメントの追加を許可                       ⬤
新しいピンと既存のピンのコメントは、デ
フォルトではオンになっています

自分のピンに対するコメントをフ            ◯
ィルターする
あなたが作成したピンに対するコメントか
ら特定の単語やフレーズが含まれるものを
すべて非表示にします

他のユーザーのピンに対するコメ            ◯
ントをフィルターする
他のユーザーのピンに対するコメントから
特定の単語やフレーズが含まれるものを非
表示にします

ショッピングのおすすめ

類似商品を見る                           ⬤
ユーザーはズームイン検索を使用して、こ
のピンに表示されているアイテムと似てい
る商品をショッピングできます

ショッピングのおすすめは、タグ付けされ
た商品やタイアップコンテンツラベルが付
いたピンでは利用で
                        コメントの追加を許可
                    1   をオンにする
ダウンロード

動画ピンのダウンロード            ◯
```

5 コメントにフィルターを設定する

**自分のピンに対するコメントをフィ
ルターする**をオンにし、非表示の対
象となる単語を入力して、**保存**を
タップします。

```
15:39                        ‖ 🔋
‹   ソーシャル機能の権限設定とアクティビティ
新しいピンと既存のピンのコメントは、デ
フォルトではオンになっています

自分のピンに対するコメントをフ            ⬤
ィルターする
あなたが作成したピンに対するコメントか

        自分のピンに対するコメントを
    1   フィルターするをオンにする

クズ
バカ
死ね

コンマ (,) で単語やフレーズを区切ってください

        ┌────┐
        │ 保存 │
        └────┘
                          3  [保存]をタップ
 I        The
Q W E R T Y U I O P
          2  ブロック対象の単語を入力
A S D F G H J K L
⬆ Z X C V B N M ⌫
123 ☺      space       return
```

6 コメントにフィルターが設定された

ブロック対象の単語が登録され、コ
メントにフィルターが設定されま
す。

```
15:39                        ‖ 🔋
    ブロック対象の単語を保存しました！

自分のピンに対するコメントをフ            ⬤
ィルターする
あなたが作成したピンに対するコメントか
ら特定の単語やフレーズが含まれるものを
すべて非表示にします

ブロック対象の単語

クズ
バカ
死ね

コンマ (,) で単語やフレーズを区切ってください
        ┌────┐
        │ 保存 │
        └────┘
他のユーザーのピンに対するコメ            ◯
```

02-08

プロフィールの表示/非表示を切り替える

プライバシー優先ならこの設定は重要

Pinterestの初期設定では、プロフィールやボード、ピンは公開されます。そのため、ユーザーが集めているピンやボード、興味などが多くの人に知られることになります。Pinterestをこっそり利用したいときは、プロフィールを非公開に設定しましょう。

プロフィールを非公開に切り替える

1 **設定画面を表示する**

右上にある**プロフィール**のアイコンの右の ✓ をクリックしてメニューを表示し、**設定**を選択します。

1 ✓をクリック

2 設定を選択

2 **非公開プロフィールを有効にする**

プロフィールの公開設定を選択し、**非公開プロフィール**のスイッチをクリックして、オンにします。

プロフィールの公開設定

Pinterest 上および外部サイトでのプロフィールの表示設定を管理します。

非公開プロフィール

プロフィールが非公開の場合、あなたのプロフィール、ピン、ボード、フォロワー、フォロー中のリストを閲覧できるのは、あなたが承認したユーザーのみです。詳細

検索プライバシー

検索エンジンであなたのプロフィールを非表示にします（例：Google）。詳細

1 **プロフィールの公開設定**を選択

2 **非公開プロフィール**のスイッチをクリック

⚠ Check

プロフィールを非表示にする

　Pinterestをこっそり使用したいときは、この手順に従ってプロフィールを非公開に設定しましょう。プロフィールを非公開に設定すると、プロフィール、ボード、ピン、フォロワー、フォロー中のリストが非公開となり、これらを閲覧できるのは承認したユーザーのみとなります。なお、ビジネスアカウントのユーザーでプロフィールを非公開にしたい場合は、まずアカウントを個人アカウントに切り替える必要があります。

3 フォロワーの一覧を表示する

フォロワーがいる場合は、この画面が表示されるので、**確認する**をクリックして、フォロワー一覧を確認します。

4 フォロワーを確認する

フォロワーの一覧が表示されるので、確認できたら右上の**×**をクリックして画面を閉じます。

5 非公開プロフィールの設定を保存する

保存するをクリックして、非公開プロフィールの設定を保存します。

📓 Note

プロフィールをシェアする

　プロフィールは、SNSやメッセンジャーでシェアすることができます。自分のプロフィールをシェアする場合は、プロフィールのアイコンをクリックしてプロフィール画面を表示し、**シェアする**をクリックすると表示される宛先やSNSのアイコンをクリックし、コメントを入力して送信します。また、他のユーザーのプロフィールをシェアしたいときは、目的のユーザープロフィールを表示し、**シェアする**のアイコン⤴をクリックして、宛先やSNSを選択します。

プロフィールが検索結果に表示されないようにする

1 検索プライバシーを有効にする

設定画面で**プロフィールの公開設定**を選択し、**検索プライバシー**のスイッチをクリックして有効にします。

1 プロフィールの公開設定を選択

2 検索プライバシーのスイッチをオンにする

🕊 **Hint**

プロフィールを検索結果に表示させない

この手順に従うと、GoogleやYahoo!などの検索結果に、プロフィールやボードを非表示にすることができるようになります。なお、プロフィールが非公開の場合、検索プライバシーは自動的にオンになり、編集できなくなります。また、検索プライバシーは、18歳以上でなければ設定することができません。

---

2 非表示になる内容を確認する

非表示になる内容を確認し、**同意します**をクリックします。

検索エンジンであなたのプロフィールとボードを非表示にする

検索エンジンの検索結果にあなたのプロフィールとボードが表示されなくなるまでには数週間かかります。Googleの **オンラインツール** で、このプロセスを迅速化することができます。

1 内容を確認

同意します

2 同意しますをクリック

---

3 検索プライバシー機能が有効になった

保存するをクリックして、**検索プライバシー**への変更を保存します。

1 保存するをクリック

1 ［プロフィールの公開設定］画面を表示する

P.50の手順で**設定**画面を表示し、**プロフィールの公開設定**を選択します。

2 **非公開プロフィール**を有効にする

非公開プロフィールのスイッチをオンにして、非公開プロフィールを有効にします。

3 フォロワーの確認画面を表示する

フォロワーがいる場合はこの画面が表示されるので、**確認**をクリックし、フォロワーの一覧を表示してフォロワーを確認します。

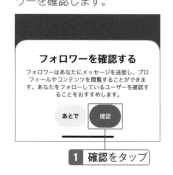

4 フォロワーを確認する

フォロワーを確認したら、左上の**＜**をタップして画面を戻します。

5 **非公開プロフィール**が有効になった

気になるピンを集めよう

Pinterestについて理解を深めるために、まずはピンを集めて
みましょう。ピンは、ユーザーが発信しているアイデアです。
レシピやDIY、人間関係のヒントに写真撮影のコツなど、あり
とあらゆるアイデアが、ピンとして発信されています。自分の
目的に合ったピンをカテゴリ別にボードに保存し、アイデアを
整理してみましょう。

ピンとボードについて知っておこう

ピンとボードの相関関係

ピンは、情報を格納する最小の単位で、ボードに保存されます。ボードは、フォルダのような機能で、ピンを保存、分類します。ピンとボードは、Pinterestの基本となる機能ですので、しっかりと理解しましょう。

ピンとは？

「ピン」とは、**ホームフィード**や検索結果などに画像の一覧で表示されるアイデアや商品、レシピなどの情報のことです。ピンには、最低1枚の画像が保存されていて、商品やアイデア、画像に関する情報を表示できます。ピンには、関連するWebサイトにリンクを設定することができ、ユーザーがWebサイトにかんたんにアクセスすることができます。

また、ピンは、「ボード」と呼ばれるフォルダのような領域に保存でき、ピンを自由に分類して収集・管理することができます。保存したピンやボードは、初期設定では公開され、他のユーザーもアクセスできます。

1 ピンを開く

ホームフィードや検索結果では、ピンが画像の一覧で表示されています。目的のピンをクリックします。

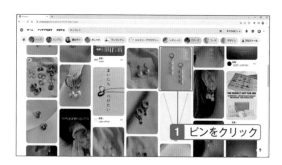

2 ピンが開かれた

ピンの情報が表示されます。ピンのタイトル、またはURLをクリックします。

③ ピンに関連するWeb ページが表示された

ピンに関連するWebページが表示されます。

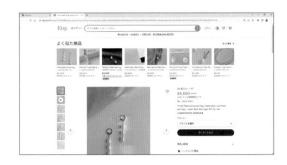

ピンの画面構成

・フィード上のピン

❶**ボード**：保存先となるボードを選択します
❷**保存**：クリックするとこのピンが選択したボードに保存されます
❸**リンク**：リンクが設定されているWebサイトのURL
❹**シェア**：このピンをシェアする際にクリックします
❺**オプション**：ピンを非表示にする、画像をダウンロード、ピンを報告の3つのメニューが表示されます

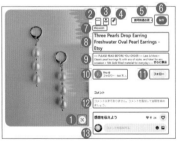

❶**拡大鏡**：画像を拡大表示できます
❷**オプション**：画像をダウンロード、ピンを非表示にする、ピンを報告、ピンの埋め込みコードを取得の4つのメニューが表示されます
❸**シェア**：このピンをシェアする際にクリックし、シェア先を指定します
❹**リンクのコピー**：このピンのURLをコピーします
❺**ボード**：保存先となるボードを選択します
❻**保存**：クリックするとこのピンが選択したボードに保存されます

❼**リンク**：リンクが設定されているWebサイトのURL。クリックするとリンク先のWebページが表示されます。
❽**タイトル**：ピンのタイトル。クリックするとリンク先のWebページが表示されます。
❾**説明文**：商品やアイデアの説明文が掲載されています。さらに表示をクリックすると続きが表示されます。
❿**クリエイターのアイコンと名前**：このピンのクリエイターの名前とアイコン。
⓫**フォロー**：このクリエイターをフォローする際にクリックします
⓬**コメント**：投稿されたコメントが表示されます
⓭**感想を伝えよう**：コメントを投稿したり、「いいね」を送ったりできます

ボードとは？

　「ボード」は、ピンを保存しておくフォルダのような機能です。ボードの下にはサブボードを作成でき、ピンを階層構造で保存・管理することができます。初期設定では、ボードは公開され、他のユーザーもアクセスできます。こっそり自分のためだけにピンを収集したいときは、シークレットボードに切り替えて非公開にすることも可能です。また、友達と一緒に計画を立てるような場合には、グループボードに友達を招待すると、ピンをシェアしながら検討を進めることができます。

　ボードは、プロフィールの**保存済み**タブに画像で表示されていて、タイトル、ボードに含まれるピンやサブボードの数、作成されてからの経過時間を確認できます。

▲ボードはプロフィール画面の [保存済み] タブに表示されています

▲ボードを開くと、サブボードやピンが画像でリスト表示されています

62

03-02

ピンを集めるってどういうこと？

情報はピン留めして集めよう

Pinterestの基本は、好きなコト、好きなモノ、知っておきたいコトをボードに貼っておくことです。まずは、好きなモノを探して、気になったピン（アイデア）をボードにピン留めしてみましょう。集めたピンをボードでカテゴライズして、見やすく整理することがPinterest活用の一歩です。

知りたいコトは何ですか？

　Pinterestには、「○○の作り方」とか「○○になるには？」とか、具体的ではっきりした手順や目標があるコトはもちろん、「楽になる方法」や「モヤモヤする」など漠然とした疑問や対処法まで、あらゆるアイデアが集まっています。また、ピンには必ず画像が含まれるため、InstagramやTikTokのように好きなファッションや車、アニメの画像・動画を検索するといった使い方もできます。まずは、どんなことでもいいので、知りたいコトを探してみましょう。

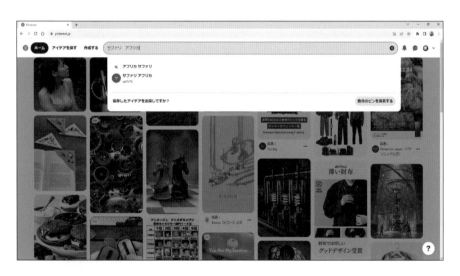

これが好き！を集めよう

本や漫画、アニメ、車…どんなものでも、好きなモノを集めてみましょう。気になるピンをすべてリピン（ピン留め）して、後からじっくり吟味してみましょう。保存したピンが増えてきたら、ボードで分類してみましょう。

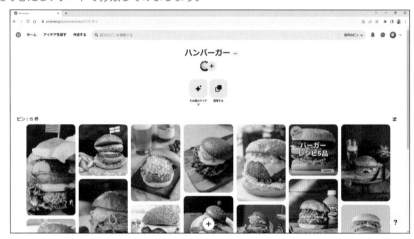

うまくなりたい！を集めよう

「ポートレートの撮影がうまくなりたい」とか「ルアー釣りがうまくなりたい」など、目標がある場合は、できるだけ具体的なキーワードで検索してみましょう。テクニックやコツ、目標の立て方など、1つのカテゴリをさまざまな角度から多くのアイデアが表示されます。気になるピンをリピン（ピン留め）して、ステップアップのために活用してみましょう。

成功させたい！を集めよう

結婚式や同窓会、オフ会など、数人でイベントを企画するような場合には、それぞれでアイデアを集めて、企画のための参考にするとよいでしょう。受付、司会など担当ごとに、アイデアを出し合って効率よく企画を進めることができます。アイデアをまとめて、イベントを成功させてみましょう。

モノづくりしたい！を集めよう

ガラス工芸やアクセサリー作りなど、新しく趣味を始めたいときは、道具や場所、材料、始め方など、わからないことだらけです。そんなときには、Pinterestで「ガラス工芸　初心者」や「アクセサリー作り方」といったキーワードで検索すると、道具や手順といったアイデアが検出され、新しい趣味を始める際の参考にできます。まずは、気になるピンを集めて、自分に合った方法で趣味を始めてみましょう。

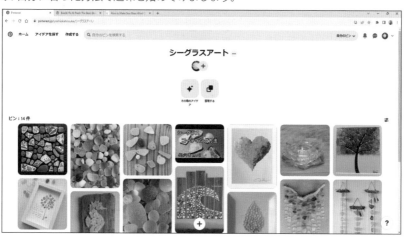

03-03

気になるピンを探してみよう

いろんな情報は検索してピン留めする

Pinterestでは、ピンを検索することが最も基本的で重要な操作となります。目的や好みにピッタリなピンを探し出すために、適切なキーワードや検索のコツを知っておきましょう。また、検索のコツを知っておくと、ピンを発信する際にとても役立ちます。

キーワードでピンを検索しよう

1 検索を実行する

検索ボックスをクリックし、目的のキーワードを入力して、キーボードのEnterキーを押します。

1 検索ボックスをクリック

2 キーワードを入力

3 キーボードでEnterキーを押す

2 サジェストキーワードをクリックする

検索結果が表示されます。検索ボックスの下にサジェストキーワードが表示されるので、該当するものをクリックします。ここでは**工作**をクリックします。

1 該当するサジェストキーワードをクリック

> **Hint**
>
> **サジェストキーワードで絞り込んでみよう**
>
> 検索機能には、検索結果をさらに絞り込むためのキーワードを提示する「サジェストキーワードツール」が用意されています。サジェストキーワードツールでは、検索結果の上部に検索結果をさらに絞り込むためのキーワードを左から人気の高い順に表示し、目的のキーワードをクリックするだけで検索結果をさらに絞り込めます。

3 ピンを選択する

検索結果が表示されるので、目的のピンをクリックします。

4 ピンのリンク先を表示する

ピンが表示されるので、タイトルや説明文などの情報を確認します。タイトルまたはURLをクリックします。

5 ピンのリンク先が表示された

ピンに関連するWebページが表示されます。

⚠ Check

［関連する検索キーワード］を利用する

検索結果では、検索結果のリストの中に［関連する検索キーワード］の5つピンが表示されます。［関連する検索キーワード］のピンをクリックすると、そのピンに設定されたキーワードで検索し直されます。検索結果を絞り込むためのものではないため、注意が必要です。

気になるピンを集めよう

03

67

03-04

ボードを探してみよう

一度に大量の情報を探す方法とは

ピンは、カテゴライズされたボードに保存されています。そのため、同じカテゴリのピンを一度にたくさん探し出したいときは、ボードを検索するとよいでしょう。ボードをめぐって、効率よく必要な情報を探してみましょう。

キーワードでボードを検索しよう

1 キーワードで検索を実行する

検索ボックスをクリックし、キーワードを入力して、キーボードで**Enter**キーを押します。

1 検索ボックスをクリック

2 キーワードを入力

3 キーボードで**Enter**キーを押す

2 フィルターのメニューを表示する

［フィルター］のアイコン ≠ をクリックして、メニューを表示します。

1 フィルター ≠ をクリック

🔍 Hint

ボードを検索する

検索機能には、検索結果をボードに絞り込むフィルターが用意されています。多くの場合、ボードは、カテゴリが共通のピンが集められています。そのためボードを検索することで、一度の検索で多くの必要な情報が得られる可能性があります。ボードを検索して、効率よく情報を収集してみましょう。

③ 検索対象をボードに絞り込む

検索対象に**ボード**を選択すると、検索結果がボードに絞り込まれます。目的のボードをクリックします。

1 ボードを選択

④ ボードが表示された

選択したボードが表示され、ボードに含まれるピンが一覧で表示されます。

🎾 **Hint**

フィルターで動画に絞り込む

この手順に従ってフィルターを利用すると、動画のピンのみを絞り込むことができます。目的のキーワードで検索を実行し、[フィルター]のアイコン ≠ をクリックして、表示されたメニューで[動画]を選択します。

📋 **Note**

気に入ったボードはフォローしよう

他のユーザーのアカウントをフォローすると、そのアカウントのすべてのピンが[ホームフィード]に表示され、興味のない情報まで掲載されます。特定のボードの内容が気に入った場合は、そのボードをフォローしましょう。ボードをフォローすると、そのボードに関連するピンが[ホームフィード]に表示されます。ボードをフォローするには、目的のボードを表示し、タイトルの後ろに表示されている3つの点のアイコンをクリックし、[フォロー]を選択します。

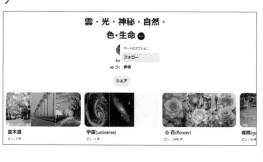

プロフィールを検索してみよう

お目当てのユーザーを簡単に探す方法

検索結果は、ユーザーのプロフィールで絞り込むことができます。プロフィールで絞り込んで抽出されたユーザーは、名前やプロフィールにキーワードが含まれていて、多くの場合キーワードに関連するピンを収集・投稿しています。プロフィール検索で、効率よく情報を集めてみましょう。

検索結果をプロフィールに絞り込もう

1 検索を実行する

検索ボックスをクリックし、キーワードを入力して、キーボードでEnterキーを押します。

2 フィルターのメニューを表示する

[フィルター] のアイコン * をクリックして、フィルターのメニューを表示します。

3 プロフィールを表示する

検索対象に［プロフィール］を選択すると、検索結果がプロフィールに絞り込まれます。目的のプロフィールをクリックします。

4 ピンを確認する

作成コンテンツをクリックすると、このユーザーが作成したピンの一覧が表示されます。

5 ボードを確認する

保存済みをクリックすると、このユーザーが作成したボードの一覧が表示されます。

📑 Note

アカウントをフォローする

　特定のユーザーのピンに興味がある場合は、そのユーザーのアカウントをフォローしましょう。アカウントをフォローすると、そのユーザーが作成するピンがすべて**ホームフィード**に表示されるようになります。アカウントをフォローするには、この手順で目的のアカウントを検索して表示し、説明文の後に表示されている**フォロー**をクリックします。

03-06

おもしろいピンを探してみよう

意外と便利でおもしろい「アイデアを探す」タブ

「いつもとは違うものを探したい」とか、「何を探せばいいのかわからなくなった」といった場合は、［アイデアを探す］タブをクリックしてみましょう。［アイデアを探す］タブには、Pinterestで人気のカテゴリやグルメなどが表示されています。

［アイデアを探す］を利用してみよう

1 **アイデアを探す**タブを
表示する

アイデアを探すタブをクリックして、**毎日が楽しくなるアイデア**を表示します。

2 カテゴリを選択する

毎日が楽しくなるアイデアのページが表示されます。気になるカテゴリをクリックします。

📋 Note

［アイデアを探す］タブを利用しよう

　画面上部で**アイデアを探す**タブをクリックすると、毎日が楽しくなるアイデアとしていくつかのボードが表示されます。ボードの数や種類は毎日新しく提示されるので、毎日チェックして気になるボードやピンを開いてみましょう。新しい出会いがあるかもしれません。

3 気になるピンを探して
みよう

目的のカテゴリに含まれ
るピンが一覧で表示され
ます。気になるピンをク
リックして、情報を確認し
てみましょう。

［お知らせ］を利用してみよう

1 **お知らせ**の通知をク
リックする

お知らせのアイコン🔔を
クリックすると、検索キー
ワードや保存したピンの
内容に基づいた「おすす
め」が表示されるので、目
的の通知をクリックしま
す。

2 通知の内容が表示され
た

クリックした通知の内容
が表示されます。

💡 Hint

ボードを検索する

お知らせは、選択したトピックや作成した
ボード、ピンの情報を基に、該当するカテゴリ
のボードやアイデアの新着情報を通知する機
能です。**お知らせ**を活用して、最新情報をいち
はやくチェックしましょう。

03-07

ピンにリアクションしてみよう

ピンタレストではピンに「いいね！」をする

ピンには、[いいね！]や[ナイスアイデア]などのリアクションを送ることができます。リアクションは、気軽に送ることができ、他のユーザーとの交流を始めるきっかけにすることもできます。気に入ったピンを見つけたら、リアクションを送ってみましょう。

ピンに [いいね！] を送信する

1 リアクションの種類を選択する

目的のピンを表示し、**リアクションする**のアイコン♡にマウスポイントを合わせると、リアクションのリストが表示されるので、目的のモノをクリックします。

2 [いいね] が送信された

ピンに**いいね**が送信されました。**いいね**を取り消すには、**リアクションする**のアイコン♡を再度クリックします。

📋 Note

ピンにリアクションを付けよう

　この手順でピンに付けられるリアクションには、**ナイスアイデア**😀、**いいね**♥、**ありがとう**😊、**すごい！**😮、**面白いね**😆の5種類があります。気持ちに合ったものを選択して、リアクションしてみましょう。なお、リアクションを取り消すには、再度リアクションのアイコンをクリックします。

03-08

ピンにコメントを付けてみよう

SNSと同じようにピンを通して交流する

気に入ったピンが見つかったら、ピンにコメントを付けて作成者と交流してみましょう。いきなりコメントを付けると、警戒される可能性もあるため、まずはリピンしたり、リアクションを付けたりするなどして、距離を縮めた方が無難です。

ピンにメッセージを送信する

1 メッセージを送信する

目的のピンを表示し、[コメント] のテキストボックスにメッセージを入力して、◉をクリックします。

1 メッセージを入力

2 ◉をクリック

2 メッセージが投稿された

メッセージが投稿されます。

🖢 Hint

メッセージを編集・削除する

メッセージ送信後に編集したいときは、送信したメッセージの下にある3つの点のアイコンをクリックし、表示されるメニューで[編集] を選択して編集画面を表示します。また、メッセージを削除する場合も、3つの点のアイコンをクリックし、メニューで**削除**を選択します。

03-09

ボードを作成しよう

ボードはピンを保存するために使う

役に立つピンは、何度でも見返したいものです。そのためには、ピンを保存しますが、ピンを保存するには「ボード」が必要です。まずは、好きなモノやカテゴリの名前を付けたボードを2〜3つ用意しましょう。

ボードを作成する

1 ボードを新規作成する

右上の**プロフィール**のアイコンをクリックして**プロフィール**画面を表示し、画面右中央にある + をクリックして**ボード**を選択します。

2 ボードの名前を設定する

ボードの名前を入力し、**作成する**をクリックして、ボードを新規作成します。

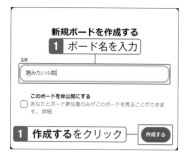

🎾 Hint

ボードがなくてもピンを保存できる

ピンは、**プロフィール**の直下に保存することができます。保存先のボードが決まっていないときは、とりあえずピンの保存先に**プロフィール**を選択して保存しましょう。

3 ボードの作成を終了する

ボードに保存したいピンがある場合は、目的のピンをクリックし、**完了**をクリックします。

新規ボードにピンを保存しましょう

1 必要な場合は目的のピンをクリック

2 完了をクリック

シークレットボードを作成する

　ボードの初期設定では、ボードとそれに含まれるピンは公開されます。自分のためだけに非公開でピンを収集したい場合は、シークレットボードを作成し、そこにピンを保存しましょう。シークレットボードを作成するには、手順2の図で**このボードを非公開にする**をオンにし、ボード名を指定して**作成する**をクリックします。

4 ボードが作成された

ボードが作成されます。

読みたい小説

ボードを作成する（iPhone）

1 メニューを表示する

下部中央にある**＋**をタップしてメニューを表示します。

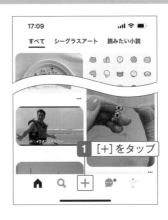

17:09

すべて　シーグラスアート　読みたい小説

1 [＋]をタップ

2 ボードの設定画面を表示する

ボードをタップし、**新規ボードを作
成**画面を表示します。

3 ボードを作成する

ボードの名前を入力し、**作成**をク
リックします。

4 ボードが作成された

保存したいピンがあれば、目的のピン
の右下に表示されている📌をタッ
プしてオンにします。左上の [×] を
タップしてボードの作成を終了しま
す。

03-10

他のユーザーが作成したピンをリピンしよう

リピンはPinterest特有の保存方法

他のユーザーが作成したピンを自分のボードに保存することを「リピン」といいます。気に入ったピンをボードに保存し分類することで、アイデアやコンテンツを効率よく活用できます。Webサイトをブックマークするイメージで、気軽にリピンしてピンを収集してみましょう。

検索結果のピンをボードに保存する

1 ボードの一覧を表示する

キーワード検索を実行し、目的のピンにマウスポインタを合わせると、アイコンやメニューが表示されるので、上部に表示されているプルダウンメニューをクリックします。

1 目的のピンにマウスポインタを合わせる

2 プルダウンメニューをクリック

2 ピンを目的のボードに保存する

保存先のボードをクリックすると、ピンが選択したボードに保存されます。

1 目的のボードをクリック

📓 **Note**

リピンしよう

　他のユーザーが作成したピンを自分のボードに保存することを**リピン**といいます。Pinterestには、あらゆるカテゴリのピンがアップロードされています。自分の目的に合ったピンをボードに集めて、趣味や目的のために活かしましょう。

03

気になるピンを集めよう

3 ピンが目的のボードに
保存された

目的のピンが指定した
ボードに保存されました。
保存を止めたいときは、**保
存済み**をクリックします。

検索結果のピンをボードに保存する（iPhone）

1 ボードの一覧を表示する

キーワード検索を実行し、目的のピ
ンの右下に表示されているアイコン
📌をタップします。

2 保存先となるボードを指定する

保存先となるボードをタップしま
す。ここでは**シーグラスアート**を
タップします。

3 ピンが保存されます

ピンが指定したボードに保存されます。

おすすめのピンを保存する

1 カテゴリを選択する

検索ボックスをクリックし、**おすすめのアイデア**のリストで目的のカテゴリをクリックします。

1 検索ボックスをクリック

2 目的のカテゴリをクリック

2 ピンを指定したボードに保存する

目的のピンにマウスポインタを合わせ、保存先のボードを選択し、**保存**をクリックします。

1 保存先のボードを選択

2 [保存]をクリック

📝 **Note**

おすすめのアイデアのピンを保存しよう

　検索ボックスをクリックすると、作成したボードや検索キーワードの情報が反映された**おすすめのアイデア**が表示されます。**おすすめのアイデア**では、カテゴリをクリックすると、カテゴリに該当するピンが表示されるので、気になるピンは保存してみましょう。

3 ピンが保存された

ピンが指定したボードに
保存されました。

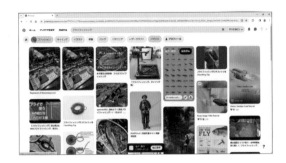

🔆 **Hint**

あなたのボードにおすすめのアイデアを保存しよう

　ホームフィードの上部には、自分が作成したボードの一覧が表示されていて、クリックすると
ボード名をカテゴリとするおすすめアイデアがリストで表示されます。選択したボードに対する
おすすめアイデアのため、ピンに表示されている ⌖ をクリックするだけで、選択中のボードにピ
ンが保存されます。

おすすめのピンを保存する（iPhone）

1 指定したボードにピンを保存す
る

　ホームフィードを表示し、上部の
ボードリストで目的のボードをタップ
すると、選択したボードに関連するお
すすめのピンが一覧で表示されます。
目的のピンの ⌖ をタップします。

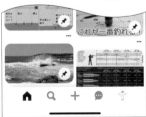

2 ピンが保存された

目的のピンが選択したボードに保存
されます。

03-11

ボードを作ってピンを保存しよう

ボードはいつもで新規作成できる

気に入ったピンが見つかったときに、それを保存するボードがない場合は、ボードを新規作成しピンを保存できます。ピンの保存操作の流れの中でボードを作成できるので、タイミングを逃すことなく、アイデアのイメージを膨らませることができます。

ボードを新規作成してピンを保存する

03

気になるピンを集めよう

保存先となるボードの一覧を表示する

目的のピンを表示し、プルダウンメニューをクリックしてボードの一覧を表示します。

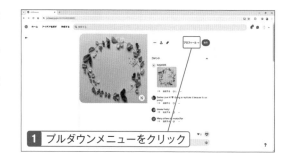

1 プルダウンメニューをクリック

新規ボードを作成する

新規ボードを作成するをクリックし、新規ボードを作成します。

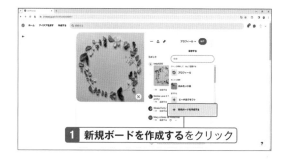

1 新規ボードを作成するをクリック

💡 Hint

ボードを作成してピンを保存する

　ボードは、ピンを保存する一連の操作の中で新規作成することができ、その中にピンを保存することができます。ボードをその場で作成できるため、ピンを適切に整理できます。ピンを適切なボードに保存して、わかりやすく管理しましょう。

3 ボード名を入力する

ボード名を入力し、**作成す
る**をクリックします。

4 新規ボードにピンを保
存する

ボードが作成され、その
ボードにピンが保存され
ます。

⚠ Check

ボードの設定を編集する

　ボードの名前や設定は後からでも編集できます。ボードの設定を編集するには、プロフィール画面を
表示し、[保存済み] をクリックすると表示されるボードの一覧で目的のボードにマウスポインタを合わ
せて、✎をクリックし [ボードを編集する] 画面を表示します。[ボードを編集する] 画面では、ボードの
カバー写真、[名前]、[説明文]、ボードの参加者、ボードの公開／非公開、パーソナライズ、ボードの削除
の設定を変更することができます。

ボードを新規作成してピンを保存する（iPhone）

1 保存先となるボードの
一覧を表示する

目的のピンの 📌 をタップ
して、ボードの一覧を表示
します。

２ 新規ボードを作成する

新規ボードを作成をタップし、新しいボードを作成します。

３ ボード名を入力する

ボードの名前を入力し、**作成**をタップします。

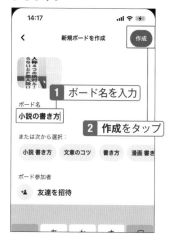

４ 新規ボードにピンが保存された

ピンが作成したボードに保存されました。

03-12

サブボードを作ってピンを整理しよう

細かくカテゴリ分けするならサブボードが便利

ボードにはサブボードを作成することができ、ピンを階層構造で管理できます。ボード
にサブボードを設置することで、より詳細なカテゴリでピンを分類・管理することが可
能です。サブボードを上手に利用して、ピンを効率よく活用しましょう。

サブボードを作ってピンを移動する

1 目的のボードを表示す
る

プロフィール画面を表示
し、**保存済み**タブをクリッ
クすると表示されるボー
ドの一覧で、目的のボード
をクリックします。

2 ボードの編集画面を表
示する

整理するをクリックして
ボードの編集画面を表示
します。

📋 **Note**

サブボードを作成する

サブボードは、この手順の他に、ボード画面
の下部中央に表示されている**＋**アイコンをク
リックし、メニューで**サブボード**をクリックし
て、表示される画面にタイトルを入力し**追加**
をクリックしても作成できます。なお、サブ
ボードの中に、サブボードは作成できません。

3 移動するピンを選択する

サブボードに移動するピンをすべてクリックし、下部の**追加**のアイコン ◘ をクリックします。

1 移動するピンをすべてクリック

2 追加のアイコン ◘ をクリック

4 サブボードを作成する

サブボードの名前を入力し、**追加**をクリックします。なお、すでにサブボードがある場合は、この画面の前にサブボードを選択する画面が表示されます。

サブボードを追加

1 サブボードの名前を入力

名前

読んだ

2 追加をクリック

追加

5 ピンがサブボードに移動した

選択したピンが新規作成されたサブボードに移動します。

⚠ Check

サブボードを削除する

　サブボードを削除するには、この手順に従ってボードを表示し、目的のサブボードにマウスポインタを合わせると表示される編集のアイコン ✎ をクリックして、表示される画面の左下にある**削除**をクリックします。確認画面が表示されるので**サブボードを削除**をクリックすると削除が実行されます。なお、サブボードを削除すると、保存されていたピンも削除されるので注意が必要です。

サブボードを作成してピンを移動する (iPhone)

1 ボードの編集画面を表示する

目的のボードを表示し、**整理する**を
タップします。

3 サブボードを追加する

サブボードの名前を入力し、**完了**を
タップします。

**4 作成されたサブボードにピンが
移動した**

サブボードが作成され、選択したピ
ンがサブボードに移動しました。

2 移動するピンを選択する

目的のすべてのピンをタップして選
択し、**追加**をタップします。

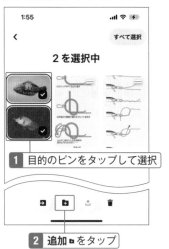

03-**13**

不要なピンを削除しよう

ピンは定期的に整理したほうがいい

ピンが増えすぎると、目的のピンを探し出すのに手間取って作業効率が悪くなってしまいます。内容が重複しているなど、不要なピンは削除してボードを見やすくしましょう。また、サブボードを使ってピンを分類し直してみても良いでしょう。

不要なピンをまとめて削除する

1 ボードの編集画面を表示する

目的のボードを表示し、**整理する**をクリックしてボードの編集画面を表示します。

2 削除するピンを選択する

削除するピンをクリックして選択し、下部にある**削除する**のアイコン 🗑 をクリックします。

3 ピンを削除する

確認画面が表示されるので、**削除**をクリックします。なお、**キャンセル**をクリックするとピンの削除が中止されます。

⚠ Check

Pinterestから削除されるわけではない

このセクションの手順でピンを削除すると、ピンがボードから削除されます。しかし、ピンがPinterestから削除されるわけではありません。削除したピンを再度ボードに追加したい場合は、再度検索しボードに追加します。

1 ボードの編集画面を表示する

目的のボードを表示し、**整理する**を
タップしてボードの編集画面を表示
します。

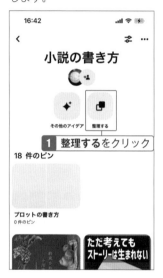

3 ピンを削除する

確認画面が表示されるので、**削除**を
タップするとピンが削除されます。

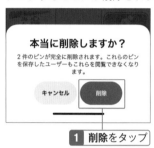

2 不要なピンを選択する

不要なピンをタップして選択し、下
部の🗑をタップします。

🔍 Hint

ピンを別のボードに移動する
（iPhone/Android）

ピンを別のボードに移動させるには、目的の
ボードを表示し、**整理する**をタップして、移動
させるピンをタップして選択します。最下部
の移動のアイコン ➡（Androidは ⇄）をタッ
プし、表示される画面で移動先のボードを
タップします。

▲移動させるピンを選択し、[移動] のアイコン ➡
をタップして、表示される画面で移動先のボー
ドをタップします

1 ピンの編集画面を表示する

ボードに保存された目的のピンにマウスポインタを合わせてアイコンを表示し、**編集**のアイコン ✐ をクリックして、ピンの編集画面を表示します。

2 [削除する]をクリックする

削除するをクリックします。

3 ピンを削除する

確認画面が表示されるので**削除する**をクリックし、ピンを削除します。

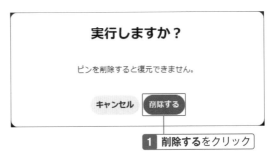

03

気になるピンを集めよう

📖 Note

ピンを別のボードに移動させる

　ピンを別のボードに移動させるには、目的のボードを開き**整理する**をクリックし、移動させるピンをすべてクリックして選択し、最下部に表示される**移動**のアイコン ➡ をクリックするとポップアップ画面が表示されるので、移動先のボードを選択します。

1 メニューを表示する

目的のピンを表示し、右上の3つの点のアイコンをタップしてメニューを表示します。

2 ピンの編集画面を表示する

ピンを編集をタップして、ピンの編集画面を表示します。

3 ピンを削除する

このピンを削除するをタップします。

4 削除を実行する

確認画面が表示されるので、**削除**をタップします。

ピンにアイデアを書き込む

ピンにはノートがあっていろいろ書き込める

ピンが気に入ったら、何が良かったのかすぐに書き込んでおきましょう。ボードに保存したピンには、自分だけのノートが用意されていて、思いついた事、感じたことを書き留めておくことができます。思ったことをメモして、次のアイデアに活かしましょう。

ピンにメモを書き込む

1 自分用ノートの編集画面を表示する

自分のボードに保存したピンを表示し、**自分用ノート**にある**ノートを追加する**をクリックし、ノートの編集画面を表示します。

1 ノートを追加するをクリック

2 メモを書き込む

メモを入力し、**完了**をクリックします。

自分用ノートを追加する　×

シーグラスの形を生かしたい…作品。参考になる。

1 メモを入力

2 完了をクリック

完了

🎈Hint

自分用ノートを活用しよう

　ピンに対する感想やアイデアは、自分用ノートに書き込むことができます。自分用ノートは、ボードに保存されたピンに表示されるメモ機能で、自分とボードに参加しているメンバーにのみ表示されます。感想やアイデアは、時間が経過すると薄れてしまったり、忘れてしまったりします。タイミングを逃さず自分用ノートに書き留めておきましょう。

93

3 メモがノートに登録された

ピンにメモが書き込まれました。なお、編集したいときは、ノートの右に表示されている**編集する**をクリックして、ノートの編集画面を表示します。

ピンにメモを書き込む（iPhone）

1 自分用ノートの編集画面を表示する

自分のボードで目的のピンを表示し、画面を少し上に向かってスワイプして、**自分用ノートを追加**をタップします。

2 メモを書き込む

メモを入力し、**完了**をタップします。

3 ノートにメモが登録された

自分用ノートにメモが表示されます。

03-15

ピンをお気に入りに登録する

Pinterestの「お気に入り」機能の使い方

ボードに保存したピンの中で特別に気に入ったピンがある場合は、[お気に入り]に登録しておきましょう。ピンを[お気に入り]に登録すると、[お気に入り]に登録されたピンだけをまとめて確認でき、目的のピンをすぐに探し出すことができます。

ピンを[お気に入り]に登録する

1 ピンを**お気に入り**に登録する

ボードに保存されたピンを表示し、**お気に入り**のアイコン☆をクリックします。

1 お気に入り☆をクリック

2 ピンが**お気に入り**に登録された

目的のピンが**お気に入り**に登録されました。

03

気になるピンを集めよう

📝 **Note**

ピンを[お気に入り]に登録する

ボードに保存したピンの内、特に気に入ったピンはこの手順に従って**お気に入り**に登録して、わかりやすくしておきましょう。**お気に入り**に登録されたピンは、そのボードの[お気に入り]画面にまとめて表示でき、簡単に表示できます。なお、ボードに保存されていないピンは、**お気に入り**に登録できません。

1 ピンを**お気に入り**に登録する

目的のボードを表示し、目的のピンのタイトルの右横にある**お気に入り**をタップします。

2 ピンが**お気に入り**に登録された

ピンが**お気に入り**に登録されました。

⚠ Check

［お気に入り］の登録を解除する

ピンから**お気に入り**の登録を解除するには、目的のピンを表示し、**お気に入り**のアイコン ★ をタップし、アイコンを☆の状態に戻します。

［お気に入り］を表示する

1 **お気に入り**に絞り込む

目的のボードを表示し、⇄をクリックして、**お気に入り**を表示します。

2 **お気に入り**のピンが表示された

同じボードの**お気に入り**に登録したピンがまとめて表示されます。

1 メニューを表示する

目的のボードを表示し、⇕ をタップして、メニューを表示します。

2 **お気に入り**に絞り込む

お気に入りをタップし、**お気に入り**を表示します。

3 お気に入りのピンが表示された

同じボードの**お気に入り**に登録されたピンがまとめて表示されます。

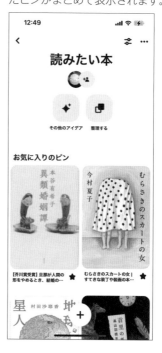

03-16

ピンの画像をダウンロードする

ピンの画像は簡単にダウンロードできる

ピンに表示されている画像は、ダウンロードできます。気に入った画像は、ダウンロードして個人的に活用してみましょう。なお、ピンをリピンした場合、ピンの画像の著作権がピン作成者にあるとは限らない場合、ダウンロードが違法になる場合もあるので注意が必要です。

ピンの画像をダウンロードする

1 メニューで**画像をダウンロード**を選択する

目的のピンを表示し、…をクリックして、[画像をダウンロード]を選択します。

2 画像を保存する

保存先を選択し、ファイル名を編集して、**保存**をクリックすると、画像がダウンロードされ保存されます。

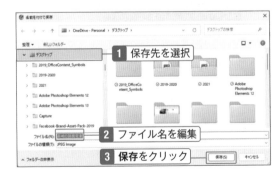

> ⚠ **Check**
>
> ### 画像は著作権で守られている
>
> 他のユーザーが作成したピンやピンに含まれるコンテンツの著作権は、コンテンツを作成したユーザーに帰属します。これらは、個人的な目的であれば自由に利用できますが、商用利用や転載する場合は、著作権保持者の許可が必要となります。無断で商用利用や転載した場合は、著作権法違反により処罰の対象となることがあるため注意が必要です。

メニューを表示する

目的のピンを表示し、右上の3つの点のアイコン … をタップして、メニューを表示します。

3つの点のアイコン…をタップ

画像をダウンロードする

画像をダウンロードをタップすると、画像がスマートフォンにダウンロードされます。

1 画像をダウンロードをタップ

その他
似ているピンを検索
画像をダウンロード
リンクをコピー
ピンを報告

閉じる

画像が保存された

画像がダウンロードされました。iPhoneの場合は**写真**アプリに保存され、Androidスマホ（Pixel 8 Pro）では**ピン**フォルダに保存されます。

⚠ Check

動画はダウンロードできない

Pinterestの仕様では、ピンに含まれる動画はダウンロードできません。ただし、GIFアニメーションは、写真と同じ画像として扱われるため、画像と同じ手順でダウンロードすることができます。

03-17

ボードをアーカイブする

古くなったボードはアーカイブできる

使わなくなったボードは、アーカイブしましょう。アーカイブされたボードは、公開プロフィールに表示されなくなり、それに含まれるピンも利用できなくなります。なお、ボードに設定したアーカイブは、いつでも解除することができます。

ボードをアーカイブする

1 ボードをアーカイブする

目的のボードを表示し、タイトルの右に表示される3つの点のアイコンをクリックして、**アーカイブ**を選択します。

1 3つの点のアイコンをクリック

2 [アーカイブ]を選択

2 アーカイブを確認する

アーカイブの注意点が記載された画面が表示されるので、内容を確認し、**アーカイブ**をクリックします。

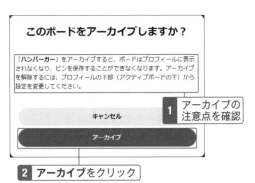

1 アーカイブの注意点を確認

2 アーカイブをクリック

> **⚠ Check**
>
> **ボードをアーカイブする際の注意点**
>
> 　ボードをアーカイブすると、ボードとそこに含まれるピンが非公開となります。また、アーカイブされたボードには、ピンを保存できなくなります。ボードをアーカイブする前には、アーカイブする必要があるかどうかを確認してからにしましょう。

3 ボードがアーカイブさ
れた

ボードがアーカイブされ
ました。アーカイブされた
ボードは、**プロフィール**画
面のボード一覧の下にあ
る**アーカイブ済みボード**
に表示されます。

🎾 Hint

アーカイブを解除する

アーカイブしたボードを再度公開するには、アーカイブを解除します。ボードのアーカイブを解除するには、プロフィール画面を表示し、ボード一覧の下にある**アーカイブ済みボード**で目的のボードをクリックして表示します。ボードのタイトルの右にある3つの点のアイコンをクリックし、表示されるメニューで**アーカイブを解除する**を選択して、確認画面で**アーカイブを解除する**をクリックします。

▲3つの点のアイコンをクリックして**アーカイブを解除する**を選択します

**このボードのアーカイブを解除します
か？**

「**ハンバーガー**」のアーカイブを解除するとボードはプロフィールに
表示され、新しくピンを保存できるようになります。

キャンセル

アーカイブを解除する

◀注意の内容を確認し、**アーカイブを解除する**
をクリックします

ボードをアーカイブする（iPhone）

1 メニューを表示する

目的のボードを表示し、タイトルの右にある3つの点のアイコンをタップしてメニューを表示します。

2 ボードをアーカイブする

アーカイブをタップします。

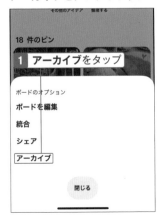

3 アーカイブを確認する

アーカイブの注意点が記載された画面が表示されるので、内容を確認し、**アーカイブ**をクリックします。

4 ボードがアーカイブされた

ボードがアーカイブされました。アーカイブされたボードは、**プロフィール**画面のボード一覧の下にある**アーカイブ済みボード**に表示されます。

03-18

ボードを削除する

ボードを削除するときの注意点

不要になったボードは削除することができます。ボードを削除すると、そこに含まれる
ピンも削除されます。なお、ボードを削除した後、1週間までは復元することができま
す。不要なボードは削除して、ピンが使いやすくなるように整理してみましょう。

ボードを削除する

1 ボードの編集画面を表示する

目的のボードを表示し、タイトルの右にある3つの点のアイコンをクリックして、**ボードを編集する**を選択します。

1 3つの点のアイコンをクリック

2 ボードを編集するを選択

2 ボードを削除する

スクロールして最下部を表示し、**ボードを削除する**をクリックします。

ボードを編集する　×

1 スクロールして最下部を表示

2 ボードを削除するをクリック

> **⚠ Check**
>
> **ボードを削除する際の注意点**
>
> ボードを削除すると、ボードとそこに含まれるピンが削除されます。削除後7日間は、プロフィールの**最近削除したボード**に保管されますが、7日を経過すると完全に削除され復元できなくなります。また、ボードのフォロワーもフォローを解除されます。

3 ボードの削除を確認する

警告の内容を確認し、**削除**をクリックすると、ボードが削除されます。

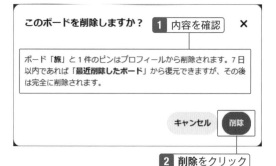

このボードを削除しますか？　**1** 内容を確認　✕

ボード「**旅**」と1件のピンはプロフィールから削除されます。7日以内であれば「**最近削除したボード**」から復元できますが、その後は完全に削除されます。

キャンセル　削除

2 削除をクリック

🍋 Hint

ボードを復元する

削除したボードは7日間保持され、完全に削除されます。ボードを復元したい場合は、プロフィールを表示し、ボード一覧の下に表示される**最近削除したボード**で**ボードを復元する**をクリックします。なお、ボードの復元は、デスクトップPCでのみ可能です。また、サブボードを削除した場合は、復元できないので注意が必要です。

🍋 Hint

サブボードを削除する

サブボードを削除するには、目的のボードを表示し、サブボードのピンにマウスポインタを合わせて、ピンの右下に表示される**編集**のアイコン✐をクリックし、**サブボードを編集**画面で**削除**をクリックします。なお、サブボードを削除すると、プロフィールに保持されず、そのまま完全に削除されるため注意が必要です。

サブボードを編集

名前

旅

削除　統合する　　　　　キャンセル　保存

▲サブボードを削除すると、そのまま完全に削除されるため注意が必要です

1 メニューを表示する

ボードを表示し、タイトルの右にある3つの点のアイコンをタップしてメニューを表示します。

2 ボードを編集画面を表示する

ボードを編集をタップし、**ボードを編集**画面を表示します。

3 ボードを削除する

ボードを削除をタップします。

4 ボードの削除を確認する

完全に削除をタップすると、ボードが削除されます。

03

気になるピンを集めよう

03-19

ボードを統合する

ボードを効率的にまとめることができる

ボードは、統合することができます。統合されたボードは、統合先のボードのサブボードとして保存され、ピンもサブボード内に保存されます。内容が似たようなボードは、ボードを統合して効率よく管理しましょう。

ボードを統合する

1 メニューで統合するを選択する

統合するボードを表示し、タイトルの右にある3つの点のアイコンをクリックして、**統合する**を選択します。

1 3つの点のアイコンをクリック

2 ボードを編集するを選択

2 統合先を指定する

統合先となるボードを選択し、**完了**をクリックします。

1 統合先のボードをクリック

2 完了をクリック

📋 Note

ボードを統合する

数が増えたピンとボードは、ボードを統合することで1か所にまとめることができます。しかし、ボードにフォロワーがいた場合、統合先のボードに既存のフォロワーは追加されません。また、シークレットボードと統合する場合は、統合先のプライバシー設定が適用されます。

1 メニューを表示する

統合するボードを開き、3つの点の
アイコンをタップしてメニューを表
示します。

2 ボードを統合する

表示されるメニューで**統合**をタップ
します。

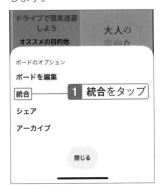

3 統合先を指定する

統合先のボードをタップします。

03

気になるピンを集めよう

4 ボードが統合された

注意のメッセージを確認し、**統合**を
タップすると、ボードが統合されま
す。

アカウントを一時停止・削除する

　Pinterestの利用を休む場合は、アカウントを一時停止することができます。アカウントを一時停止すると、プロフィール、ボード、ピンが非公開となりますが、いつでも復元することができます。Pinterestのアカウントを一時停止するには、**プロフィール**アイコンの右にある ﹀ をクリックし、メニューで**設定**を選択して**設定**画面を表示します。左のメニューで**アカウント管理**を選択し、スクロールして最下部を表示し、**アカウントを一時停止する**をクリックします。

　また、Pinterestの利用を止める場合は、アカウントを削除することもできます。アカウントを削除すると、Pinterestに保存されているすべてのデータが削除されます。Pinterestのアカウントを削除するには、アカウントの一時停止と同様に**アカウント管理**画面の最下部で**アカウントを削除する**をクリックします。

ビジネスアカウントの目的

3 件まで選択してください

- ◯ 商品の売上を伸ばす
- ◯ 見込み客を増やす
- ☑ サイトへのトラフィックを増やす
- ◯ Pinterest でコンテンツを作成してオーディエンスを拡大する
- ◯ ブランド認知度を高める
- ◯ 未定

アカウントの一時停止と削除

アカウントを一時停止する

プロフィール、ピン、ボードを一
時的に非表示にします。

> アカウントを一時停止する

データとアカウントを削除

あなたのデータおよびアカウントに関
連付けられているすべてのアイテムを
完全に削除します。

> アカウントを削除する

ピンを作成してコンテンツ
を投稿しよう

ピンを保存してみてPinterestの使い方をつかめてきたら、
自分でピンを作成してみましょう。もちろん、他のユーザーに
見せるためにピンを準備するのも良いのですが、自分の宝物を
人に見せるイメージの方が共感を呼ぶかもしれません。自分の
好きなコト、熱心に取り組んでいることをボードとピンにまと
めて発信してみましょう。

04-01

ピンを投稿してできること

ピンにはいろんな機能が盛り込まれている

Pinterest では、アイデアを収集できるだけでなく、ピンを投稿することで情報を発信することもできます。ピンは、Web サイトやブログとリンクさせることができ、ピンを広告としても利用することができます。ピンの特性やメリットを確認して、ピンの作成にチャレンジしてみましょう。

ピンの収集と作成では目的が違う

　ピンを収集する場合、制作や企画、趣味のためにピンのアイデアからヒントを得ることが多いでしょう。しかし、ピンを作成し公開する主な目的は、自分の Web サイトやブログにユーザーを誘導することです。ピンで商品やサービス、アイデアに興味を持ってもらい、詳細は Web ページやブログで紹介するわけです。ただし、個人アカウントでは、ピンの作成はできますが、「広告の配信」や「Pinterest アナリティクスの利用」などよりビジネスに適した機能はビジネスアカウントに備わっています。ビジネスメインで Pinterest を利用する場合は、個人アカウントをビジネスアカウントに切り替えましょう（5章を参照）。

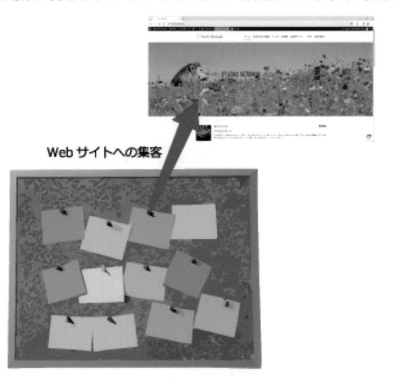

Web サイトへの集客

Pinterestのピンは息が長い

InstagramやTwitterなど、他のSNSでは投稿した画像や記事は、常に最新のものが上位に表示され、過去に投稿されたものはそのまま流れて行ってしまいます。Pinterestの場合は、ユーザーは自分に合ったピンを探すため、一度アップロードされたピンは古くなりません。ピンは、常に検索され、必要なユーザーが目にすることができます。そのため、検索結果の中で、いかにユーザーの目に留まるかが重要なポイントとなります。

●Xの［ホーム］画面

▲Xでは、古いツイートは流れていき、その後ほとんど目に留まることがなくなります

ピンやボードを共有できる

　ボードは、他のユーザーを招待して共有することができます。ピンは、他のSNSやメールアプリなどでシェアすることができます。ピンやボードを共有すると、企画の立ち上げにさまざまなピンを作成して意見を交換し合ったり、役割を分担して作業を進めたりすることができます。

▲ボードには他のユーザーを招待できます

画像でつながることができる

［ホームフィード］や検索結果に表示されるピンには、画像や動画のみが表示され、説明文は表示されていません。探すというよりもフィーリングを頼りに気になるピンを開いてみるといったイメージです。そのため、先入観を持たずに、思わぬアイデアや画像と出会えることもあります。逆にいうと、ユーザーの目に留まりやすい個性的な画像をピンに設定しておけば、ピンを開けてもらえる可能性が上がるわけです。ピンの画像を工夫して、アクセス向上につなげてみましょう。

▲［ホームフィード］に表示されるのは、画像だけです。フィーリングで興味のあるピンを開いてみましょう。

Webサイトやブログとのリンクを設置できる

ピンには、Webサイトやブログとのリンクを設定することができます。ピンで概要を説明して、詳しい情報はWebサイトやブログに掲載しておけば、ピンを広告代わりにユーザーを誘導できます。ピンは、古くても流れていかないため、一旦アップしておけば、何度でも検索されアクセスしてもらえる可能性があります。ピンには、必ずWebサイトやブログへのリンクを設定しておきましょう。

▲ピンではタイトルとURLのテキストにWebページへのリンクを設置できます

フォロワー数を気にせず自分本位で楽しめる

　Pinterestでは、アイデアやコンテンツがメインのサービスのため、ユーザーは趣味や目的に合ったピンを利用します。ユーザー同士のつながりやフォロワー数やリアクションの数はそれほど重要視されていないことから、フォロワーの目を意識しすぎる必要もなく、自分のペースで好きなピンを作成することができます。

▲自分の好きなカテゴリのボードを作成してピンを作ってみましょう

インターネット上に公開されているモノを保存できる

　Pinterestでは、インターネット上に公開されている画像や動画をピンとして保存することができます。インターネット上にあるアイデアや画像、動画を他のピンと同様に保存、管理できるため、幅広くPinterestを活用できます。著作権侵害や転載禁止などの禁止事項に触れないように気を付けながら、情報を活用してみましょう。

04-02

ピンを作成する準備をしよう

Webサイトをピンとして保存する方法

Webサイトをピンとして保存する場合は、Webブラウザに［Pinterestに保存］拡張機能をインストールする必要があります。拡張機能を利用すると、Webページにある画像の上にPinterestのアイコンが表示され、クリックするだけで簡単にピンの保存操作を行えます。

Chromeに［Pinterestに保存する］ボタンを追加する

1 Pinterestの拡張機能を検索する

ChromeでChromeウェブストアを表示し、右上の検索ボックスに**「Pinterestの保存」**と入力して検索を実行します。

1 Chrome ウェブストアを表示
URL: https://chromewebstore.google.com/

2 「Pinterestの保存」と入力し検索

2 ［Pinterestに保存する］拡張機能の画面を表示する

検索結果で**Pinterestに保存する**をクリックします。

1 Pinterestに保存するをクリック

📄 **Note**

WebブラウザにPinterestの拡張機能を追加する

　Pinterestでは、Webページに掲載されている画像をピンとして保存できるWebブラウザ用拡張機能を用意しています。Pinterestの拡張機能では、Webページに掲載されている画像にマウスポインタを合わせ、表示される**保存**ボタンをクリックし、画像をピンとして保存します。なお、Pinterestの拡張機能が用意されているのは、パソコン用のChrome、Microsoft Edge、Firefoxの3種類のWebブラウザです。

3 拡張機能をインストールする

Chromeに追加をクリックして、Chromeに**Pinterestに保存する**拡張機能を追加します。

1 Chromeに追加をクリック

4 拡張機能のインストールを確認する

拡張機能を追加をクリックし、**Pinterestに保存する**拡張機能をインストールします。

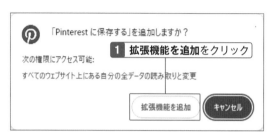

1 拡張機能を追加をクリック

5 [Pinterestに保存する]拡張機能がインストールされた

Pinterestに保存する拡張機能がChromeに追加されました。

🔑 Hint

拡張機能を削除するには

Chromeから**Pinterestに保存**拡張機能を削除したいときは、Chromeの画面右上にある3つの点のアイコンをクリックし、メニューで**拡張機能→拡張機能を管理**を選択して、表示される画面で**Pinterestに保存する**拡張機能の**削除**をクリックします。なお、拡張機能を削除せずに、無効にする場合は**削除**の右にあるスイッチをクリックしオフにします。

▲**Pinterestに保存する**にある**削除**をクリックすると、拡張機能をChromeから削除できます

1 Pinterestの拡張機能を検索する

Microsoft Edgeで「**Microsoft Edge アドオン**」のトップページを表示し、検索ボックスに「**Pinterestに保存する**」と入力して、検索を実行します。

1 Microsoft Edgeアドオンのトップページを表示

2 「Pinterestに保存する」と入力し検索

2 [Pinterest保存ボタン] 拡張機能をインストールする

Pinterest保存ボタンの**インストール**をクリックして、拡張機能をMicrosoft Edgeにインストールします。

1 Pinterest保存ボタンのインストールをクリック

3 拡張機能のインストールを確認する

確認画面が表示されるので、**拡張機能の追加**をクリックし、拡張機能のインストールを実行します。

1 拡張機能の追加をクリック

4 [Pinterest保存ボタン] 拡張機能がインストールされた

Microsoft Edgeに**Pinterest保存ボタン**拡張機能が追加されました。

メニューを表示する

Safariを起動し、**共有のアイコン** ⬆️ をタップしてメニューを表示します。

[その他]をタップする

下段のアプリリストを左に向かってスワイプし、右端にある**その他**をタップします。

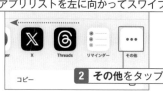

[よく使う項目]の編集画面を表示する

右上の**編集**をタップします。

[よく使う項目]にPinterestを追加する

Pinterestの左にある緑の **+** をタップします。

04

ピンを作成してコンテンツを投稿しよう

💡 **Hint**

Webページの画像をピンに保存しやすくする

　スマホのWebブラウザでWebページ上の画像をPinterestのピンとして保存するには、画像のシェア先として**Pinterest**アプリを指定します。その際、**Pinterest**アプリを手際よくシェア先として指定するために、この手順に従って**Pinterest**アプリを**お気に入り**に登録しておきましょう。

5 [よく使う項目] の編集画面を閉じる

Pinterestが**よく使う項目**に登録されます。**完了**をタップして、編集を終了します。

6 [よく使う項目] に [Pinterest] が追加された

完了をタップして、共有メニューを閉じます。

保存先にPinterestを指定しやすくする（Android/Chrome）

メニューを表示する

1 **Chrome**を起動し、右上の3つの点のアイコンをタップして、メニューを表示します。

共有のメニューを表示する

2 **共有**をタップし、共有のメニューを表示します。

3 共有メニューの下部を表示する

共有のメニューが表示されるので、上に向かってスワイプします。

> **1** メニューを上に向かってスワイプ

4 [Pinterest保存] のアイコンをタップする

Pinterest 保存のアイコンをタップします。

> **1** Pinterest 保存をタップ

5 [Pinterest保存] を共有のメニュー上部に表示させる

保存を固定をタップします。

> **1** 保存を固定をタップ

6 共有のメニュー上部に[Pinterest保存]が表示された

共有メニューの上部に**Pinterest保存**のアイコンが表示されるようになります。

04-03

パソコン上にある画像でピンを作成する（パソコン／Webブラウザ）

パソコンのブラウザでピンを作成する

ピン作成の準備ができたら、さっそくピンを作成してみましょう。パソコンのWebブラウザでは、1つの画像または動画を含むピンを作成できます。リンクも設定することができ、商品ページやブログなどにユーザーを誘導できます。

Webブラウザでピンを作成する

1 ピンの作成画面を表示する

Pinterestを表示し、**作成する**をクリックして、ピンの作成画面を表示します。

1 ［作成する］をクリック

2 画像の選択画面を表示する

↑のアイコンをクリックし、画像の選択画面を表示します。

1 ↑をクリック

Hint

個人アカウントで作成できるピン

ピンには、大きく分けて画像や動画を組み合わせて作成する「ピン」と、ビジネスアカウントで作成できる「リッチピン」の2種類があります。リッチピンでは、Webサイトの情報とピンを自動的に同期することができ、常に最新の情報をピン上に表示できます。この章では、個人アカウントで作成できる「ピン」の作成方法を解説します。リッチピンにつきましては、5章を参照ください。

3 登録する画像を選択する

画像の保存先を表示し、目的の画像を選択して、**開く**をクリックします。

⚠ Check

パソコンにある画像でピンを作成する

2023年12月現在、パソコン上にある画像または動画でピンを作成する場合、そのピンに登録できる画像や動画は1つだけです。また、ピンに登録した画像は、後から編集できないため、ピンへの登録時にテキストを追加したり、サイズを変更したりするなど加工しましょう（4章Sec04参照）。なお、複数の画像や動画を組み合わせてピンを作成したいときは、スマホの［Pinterest］アプリを利用します（4章Sec05参照）。

4 ピンの内容を登録する

タイトルと**説明文**、**リンク**のそれぞれの項目を入力します。なお、タイトルは最大100文字、説明文は最大500文字までです。

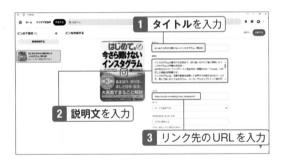

5 保存先となるボードを作成する

ボードのプルダウンメニューをクリックし、**新規ボードを作成する**を選択します。なお、既存のボードを選択する場合は、リストで目的のボードをクリックします。

ピンのタイトルと説明文を入力する

　ピンのタイトルは、最大100文字までですが、ピンを開いて表示されるのは40文字までです。そのため、タイトルは40文字までにまとめると効果的です。また、説明文も最大500文字まで表示できますが、ピンを開いて表示されるのは100文字前後です。注目度の高いキーワードを織り込んで100文字以内にまとめるとよいでしょう。

6 ボードの名前を登録する

ボードの名前を入力し、**作成する**をクリックします。

7 ピンのオプションを表示する

その他のオプションをクリックしてメニューを表示します。

8 ピンのオプションを設定する

コメントを許可するでコメントの許可/不許可を選択し、**類似商品を表示する**で類似商品の表示/非表示を切り替えます。**公開する**をクリックして、ピンを公開します。

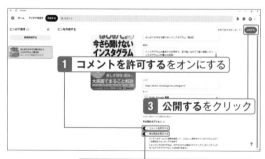

04-04

ピンの画像を加工する（パソコン/Webブラウザ）

ピンを公開する前にやっておくこと

ピンに掲載する画像は、ピン作成時にサイズを変更したり、テキストを追加したりして加工することができます。ピン公開後は、画像を編集できないため、あらかじめ画像の見せ方を決めておいた方が良いでしょう。

画像を加工しよう

1 ピンの画像を登録する

WebブラウザでPinterestの**ピンを作成する**画面を表示し、エクスプローラーで画像の保存先のフォルダを表示して、目的の画像をWebページにドラッグします。

1 目的の画像をピンを作成する画面にドラッグ

2 [ピンをデザインする]画面を表示する

画像がピンの画像として設定されます。画像の右上に表示されている✐をクリックして、画像の編集画面を表示します。

1 ✐をクリック

⚠ Check

画像は後から加工できない

　ピンに登録した画像は、後から編集できません。画像を加工したいときは、この手順に従ってピン作成時に行いましょう。画像は、サイズと背景色を変更することと、テキストを追加することができます。ユーザーの目につくように工夫して、画像を加工し、Webサイトへの誘導率をアップしてみましょう。

3 Check 画像の方向と縦横比を設定する

[ピンをデザインする] 画面が表示されます。左のメニューで**キャンバス**を選択し、**方向**で**縦長　0**を、サイズで**2:3**をクリックします

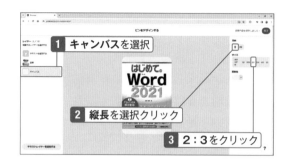

4 キャンバスの背景色を指定する

背景色のプルダウンメニューをクリックしてパレットを表示し、背景色を選択します。

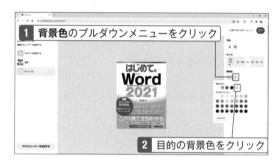

⚠ Check

画像の縦横比を指定する

手順3の図の [サイズ] では、画像の縦横比を設定することができます。元画像よりも指定したサイズが大きい場合は、画像を中央に配置した状態で、背景のキャンバスが上下に伸ばされます。Pinterestでは、縦1000ピクセル×横1500ピクセル (縦横比は2：3) の画像を推奨しています。

---

5 画像を適切に配置する

キャンバスの背景色とサイズが変更されました。左のメニューで**画像**をクリックし、画像を上方向にドラッグします。

6 テキストの編集画面を
表示する

画像が上に移動します。画
像の左右中央に合うと中
央に縦のラインが、上下中
央に合うと中央に横のラ
インが表示されるので目
安にしましょう。左のメ
ニューで**テキストを追加
する**をクリック

1 テキストを追加するをクリック

7 フォントの種類と色、配
置を指定する

フォントの左右の矢印を
クリックしてフォントを
選択し、**行揃え**と**色**を選択
します。

1 フォントを選択
2 行揃えを選択
3 文字色を選択

8 テキストを入力する

画像の中央にあるテキス
トボックスをクリックし、
テキストを入力します。

1 テキストボックスをクリック
2 テキストを入力

9 フォントサイズを調節
する

フォントサイズで文字の
サイズを調節します。

1 フォントサイズでサイズを変更

10 テキストボックスを配置する

テキストボックスを任意の位置までドラッグして配置を調整します。**完了**をクリックし、画像の編集を終了します。

11 ピンを公開する

ピンを作成する画面に戻るので、タイトルや説明文などを入力し、**公開する**をクリックします。

💡 Hint

テキストボックスのサイズを変更する

　画像上に挿入したテキストボックスのサイズを変更するには、テキストボックス上をクリックしてテキストボックスを選択し、四隅と左右の辺の中央に表示されるハンドルをドラッグします。なお、テキストボックスの四隅のハンドルをドラッグすると、テキストボックスのサイズに合わせて文字のサイズも調節されます。また、左右の辺の中央にあるハンドルをドラッグすると、テキストボックスの幅が調節されますが、この場合はテキストのサイズは調節されません。

▶テキストボックスを選択すると表示されるハンドルをドラッグしてサイズを調節します

04-05

[Pinterest] アプリでピンを作成する (iPhone/Android)

スマホのアプリでピンを作成する方法

スマホの [Pinterest] アプリでピンを作成する場合、複数の画像や動画を組み合わせてピンを作成することができます。また、ピンに音楽を設定したり、動画や画像を編集したりするなど、高度な設定を行えます。凝ったピンを作成したいときは、スマホのアプリで作成しましょう。

[Pinterest] アプリでピンを作成する

1 メニューを表示する

Pinterestアプリを起動し、下部の**作成**をタップして、メニューを表示します。

1 [作成] をタップ

2 [ピン]をタップする

ピンをタップして、写真の選択画面を表示します。

1 [ピン] をタップ

3 ピンに登録する写真を選択する

目的の写真をタップして選択し、**次へ**をタップします。

1 目的の写真をタップして選択

2 [次へ]をタップして選択

Hint

[Pinterest] アプリでピンを作成する

スマホの**Pinterest**アプリでピンを作成すると、複数の画像と動画を組み合わせてピンに登録することができます。パソコンのWebブラウザからピンを作成した場合は、画像または動画は1つしか登録できません。また、画像や動画をピンに登録する際、サイズやテキストの追加はもちろん、音楽やスタンプを追加するなど多彩な機能が用意されています。ピンに凝った動画を登録したいときは、スマホの**Pinterest**アプリを利用しましょう。

127

4 画像サイズの編集画面を表示する

選択した順に画像と動画が再生されます。下部の**サイズ**をタップして、サイズの編集画面を表示します。

1 [サイズ]をタップ

5 画像の方向と縦横比を指定する

目的の縦横比をタップしてサイズを指定し、**完了**をタップします。なお、ここでは、縦長の**9:16**を選択します。

1 [9:16]をタップ

2 [完了]をタップ

⚠ Check

画像の方向を指定する

画像の方向を変えたいときは、手順5の図で🖼をタップします。この場合、画像は回転せず、枠の方向が切り替わって画像が切り抜かれるため注意が必要です。

6 メディアの編集画面を表示する

1つ前の画面に戻るので**メディア**をタップします。

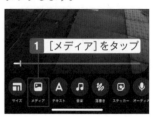

1 [メディア]をタップ

📋 Note

画像編集画面に用意された機能

ピンに複数の画像や動画を登録すると、手順4のような画像編集画面が表示されます。この画面では、画像のサイズや順番、長さを変更したり、テキストや音楽、ステッカーなどを追加したりして、画像と動画を編集することができます。これらの機能を使って、ピンに魅力的な映像を登録しましょう。

❶❷❸❹❺❻❼❽❾

❶**サイズ**：画像・映像の向きと縦横比を指定します。

❷**メディア**：画像と動画の再生順序や個別の画像・動画の再生時間、再生速度を調節します。

❸**テキスト**：映像にテキストを追加できます。フォントの種類、色、配置、文字の背景色を設定できます。

❹**音楽**：映像のBGMを追加できます。オリジナル音源と音楽とのボリュームのバランスを調節できます。

❺**落書き**：ペンやマーカーをドラッグして手書きの落書きを追加できます。

❻**ステッカー**：イメージに合ったステッカーを追加できます。**レシピ**、**DIY**、**スタイル**、**自然**、**落書き**、**言葉**の6つのカテゴリに多くのステッカーが用意されています。

❼**オーディオ**：アナウンスや朗読など、音声を録音して映像に追加できます。

❽**フィルター**：**ソフト**や**オールド**など、色調や明るさなどをバランスよく調節できる12種類のフィルターが用意されています。

❾**色**：画像や動画よりもキャンバスサイズが大きい場合に、空白部分の背景色を設定できます。

⑦ 写真や動画の順序を入れ替える

最下部のメディアのリストで動画を
タップし、目的の位置までドラッグ
して、写真と動画の位置を入れ替え
ます。動画の編集が終了したら**完了**
をタップします。

1 動画をタップして選択

2 目的の位置までドラッグ

3 完了をタップ

📋 Note

再生速度を指定する

　動画は、再生速度を調節することができま
す。再生速度は、**0.3倍速**、**0.5倍速**、**標準**、**2
倍速**、**3倍速**の5段階に切り替えることができ
ます。長い動画を短い時間で見せたい場合な
どに便利です。動画の再生速度を調節するに
は、下部のメディアリストで目的の動画を
タップし、タイムラインの左上に表示されて
いる🔄をタップして、目的の再生速度をタッ
プします。

▲🔄をタップして目的の再生速度をタップし
ます。

💡 Hint

再生時間を調節する

　画像編集画面の**メディア**では、登録された
画像と動画、それぞれの再生時間を調節でき
ます。画像も動画も、下部のメディアリストで
目的の画像または動画をタップし、表示され
るタイムラインで、先頭と末尾のマーカーを
ドラッグして長さを調節します。なお、動画の
場合、先頭マーカーを右、末尾マーカーを左へ
ドラッグした場合、ドラッグした長さの映像
は削除されるため注意が必要です。

▲メディアリストで目的の動画をタップし、
先頭と末尾のマーカーをドラッグして動画の
長さを指定します。

💡 Hint

画像や動画を追加・削除する

　映像の編集中に画像や動画を追加するに
は、メニューで**メディア**をタップし、画面下部
のメディアリストの右に表示されている**＋**を
タップすると、画像選択画面が表示されるの
で、目的の画像や動画を選択します。また、編
集中の映像から画像または動画を削除したい
ときは、メディアリストで削除する写真また
は動画をタップし、タイムラインの右に表示
されているゴミ箱のアイコンをタップします。

8 テキストの編集画面を表示する

テキストをタップして、テキストの編集画面を表示します。

1 **テキストをタップ**

9 書式とテキストを設定する

文字色と配置、フォントの種類を選択し、テキストを入力して、**完了**をタップします。

1 文字色を選択

2 配置を選択

*FUKURAM*に乗り鉄

3 フォントの種類を選択

4 テキストを入力

5 完了をクリック

10 テキストの配置を調節する

テキストをドラッグして、目的の位置に配置します。

1 テキストを目的の位置までドラッグ

11 音楽の編集画面を表示する

音楽をタップして、音楽の編集画面を表示します。

1 **音楽をタップ**

12 楽曲リストを表示する

目的のジャンルをタップして、その
ジャンルの楽曲リストを表示します。

13 目的の曲を追加する

選択したジャンルの楽曲がリスト表
示されるので、目的の曲をタップし、
下部で**追加**をタップします。

14 映像に適用する部分を指定する

タイムラインを左右にドラッグし
て、動画に適用する部分を指定し、
🎚をタップします。

15 音楽とオリジナル音源の音量を
調節する

スライダーをドラッグして、オリジ
ナル音源と音楽とのボリュームのバ
ランスを指定します。調整が終わっ
たら**完了**をタップして画面を閉じま
す。

16 編集画面を閉じる

次へをタップし、画像の編集画面を閉じます。

> **1 次へをタップ**

17 ピンを作成する

タイトル、**説明文**、**リンク**を入力し、保存先のボードを選択して、**作成**をタップするとピンが作成されます。

> **1 タイトル、説明文、リンクを入力**

> **2 保存先のボードを選択**

> **3 作成をタップ**

💡 Hint

ステッカーを追加して楽しい画像にしよう

　画像にステッカーを追加するには、画像編集画面の下部で**ステッカー**をタップし、カテゴリを選択して、目的のステッカーをタップします。ステッカーは画面中央に表示されるので、ピンチ操作でサイズを、ドラッグ操作で配置を調節します。なお、ステッカーを削除するには、ステッカーをドラッグすると画面下部中央にごみ箱のアイコンが表示されるので、ステッカーをそれに重ねます。

💡 Hint

画像の色や明るさを調整しよう

　画像編集画面の**フィルター**には、明るさや色合いのバランスが取れた12種類のフィルターが表示されます。フィルターを利用すると、タップするだけでフィルター名に合った趣のある画像になります。また、フィルターリストの左端にある**カスタム**をタップすると、**露出**や**彩度**、**ハイライト**など8種類の補正機能が用意されています。それぞれの項目を操作して、写真や動画をきれいに補正することができます。

・フィルターリスト

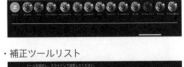

・補正ツールリスト

04-06

Web上の画像や動画を投稿する

Web上の画像をピンに登録する

Webページやブログに掲載されている画像や動画は、ピンとして保存することができます。Webページやブログ上の画像をピンとして保存すると、自動的にそのWebページにリンクが設定されます。Web上の商品写真やブログ写真をピンに登録して、ユーザーをWebサイトへ誘導してみましょう。

Webページの画像をピンとして保存する

1 **Webページの画像にマウスポインタを合わせる**

目的のWebページを表示し、掲載されている画像にマウスポインタを合わせると、左上に**保存**ボタンが表示されるのでマウスポインタを合わせます。

2 **ボードのリストを表示する**

保存先のボードを選択するプルダウンメニューが表示されるので、✓ をクリックしメニューを展開します。

> ⚠ **Check**
>
> **Webページの画像をピンとして保存する**
>
> 　Pinterestでは、Webページ上にある画像をピンとして保存することができます。Webページ上の画像をピンとして保存すると、自動的にその画像が掲載されているWebページへのリンクが設定されます。また、ピンのタイトルにはそのWebページのタイトルが、ピンの説明文にはそのページの記述が表示されます。

3 ボードを選択してピンを保存する

ボードの選択画面が表示されるので、目的のボードにマウスポインタを合わせ、表示される**保存**をクリックすると、ピンが指定したボードに保存されます。

4 ピンを表示する

この画面が表示されるので、**表示**をクリックし、ピンを表示します。

5 ピンが表示された

保存したピンが表示されます。

📓 **Note**

PinterestのサイトからWebページの画像をピンとして保存する

PinterestのサイトでWebページの画像をピンとして保存するには、WebブラウザでPinterestを表示し、右上にある**作成する**をクリックします。**ピンを作成する**画面で**URLから保存**をクリックし、表示される画面でURLを入力して [>] をクリックし、画像リストから目的の画像をオンにして、**●件のピンを追加**をクリックします。以降、表示される画面の指示に従ってピンを作成し、公開します。

共有のメニューを表示する

目的のWebページを表示し、下部の
メニューで**共有**のアイコン⬆️をタッ
プします。

1 下部にある**共有**⬆️をタップ

共有先にPinterestを指定する

Pinterestのアイコンをタップしま
す。

1 Pinterestをタップ

ピンに登録する画像を選択する

ピンに登録する画像をタップし、**保
存先**の右にある🖊️をタップして、保
存先のボードリストを表示します。

1 🖊️をタップ

保存先となるボードを選択する

ピンの保存先となるボードをタップ
すると、ピンが指定したボードに保
存されます。

1 目的のボードをタップ

135

04-07

ピンを編集する

後からピンは編集できる

画像やタイトル、説明文をユーザー自身が設定して作成したピンは、後から編集することができます。しかし、Webページをピンに登録した場合、タイトルや説明文はWebページのものが同期されるため編集できません。また、ピンの画像は、作成方法に関わらず編集できません。

ピンを編集する

1 **ピンの編集画面を表示する**

目的のボードを表示し、編集するピンにマウスポインタを合わせて、**編集の**アイコン ✐ をクリックします。

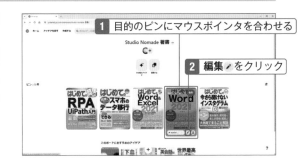

1 目的のピンにマウスポインタを合わせる

2 編集 ✐ をクリック

2 **ピンの内容を編集する**

ピンの編集画面が表示されるので、タイトルや説明文、リンクを編集し、**保存する**をクリックします。

1 必要に応じて**タイトル、説明文、リンク**を編集

2 保存するをクリック

📋 **Note**

ピンを編集する

　パソコン上やスマホ上にある写真や動画でピンを作成した場合、この手順に従ってピンのタイトルや説明文、リンクを編集することができます。ただし、ピンに登録した画像については、後から編集することができません。また、Webサイト上の画像をピンに保存した場合は、ピンの内容は変更できません。

1 メニューを表示する

目的のボードを開き、編集するピンを長押ししてメニューを表示します。

1 目的のピンを長押しする

2 編集画面を表示する

メニューが表示されるので**編集**のアイコン✏をタップします。

編集

1 ✏をタップ

3 ピンの内容を編集する

ピンの編集画面が表示されるので、タイトルや説明文、リンクを編集し、**保存**をタップします。

1 ピンの内容を編集

2 保存をタップ

04

ピンを作成してコンテンツを投稿しよう

ピンをSNSでシェアする

　ピンは、XやFacebook、LINEなどのSNSでシェアすることができます。Pinterest以外のSNSにシェアすることで、ピンの情報が拡散し、より多くの人の目に触れさせることができます。ピンをシェアするには、目的のピンを表示し、**シェアする**アイコンをクリックし、表示されるリストで拡散に利用するアプリを選択して、表示される画面を利用して投稿します。ピンを開き、**シェアする**アイコン 🔗 をクリックし、表示されるリストで目的のアプリをクリックします。

・Xの投稿画面

▲自動的にリンク先の説明文が挿入されるので、編集して**ポストする**をクリックします

・Facebookの投稿画面

▲自動的にリンク先の説明文と画像が挿入されるので、編集して**Facebookに投稿**をクリックします

Pinterestを
ビジネスで使おう

Pinterestは、ユーザーが好きなコトのためにアイデアを検索・収集することから、広告との相性が良いといわれています。Pinterestユーザーは、意欲的で広告も情報のひとつとして表示したり、保存したりします。また、広告から商品購入や会員登録などのコンバージョンに至ることもあります。Pinterestで商品やサービスの発信する場合は、まずはビジネスアカウントを取得して、自分のWebサイトやブログを認証し、ピンを作成してみましょう。

Pinterestはビジネスとの親和性が高い

ピンタレストはビジネスで使うには最適なサービス

Pinterestユーザーは、興味のあるピンを検索し利用することから、目的や嗜好がはっきりしていてモチベーションが高いのが特徴です。そんなユーザーが4億8千万人以上集まっているPinterestは、マーケットとしてビジネスとの親和性が高いといえるでしょう。

Pinterestユーザーには意欲的なユーザーが多い

　Pinterestでは、SNSのように情報は時系列で流れてきません。**ホームフィード**には、ボードや収集したピン、検索キーワードの情報が反映され、使うほどに興味、目的に合った情報が表示されます。Pinterestユーザーは、必要な情報を意欲的に収集する傾向があり、ビジネスとの親和性が高いといえるでしょう。2023年11月、Pinterestは、月間アクティブユーザー数が過去最高の4億8千2百万人を超えたことを発表しました。

　Pinterestには、ビジネスアカウントが用意され、Pinterest広告やアナリティクスなど、ビジネスに特化した機能が用意されています。4億8千万人からなる巨大マーケットをビジネスにつなげてみましょう。

●人気のカテゴリ

人気のカテゴリTOP3は、「アート」、「アメリカのエンターテイメント業界」、「室内装飾」です。「アート」における人気サブカテゴリは、「写真撮影」、「アートの基本」、「イラスト」となっています。

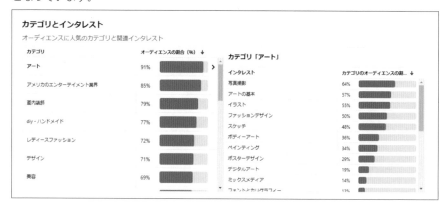

●年齢と性別の傾向

利用者は、10～30代のいわゆる「Z世代」と「ミレニアム世代」が圧倒的に多く、性別では女性が男性の倍以上となっています。

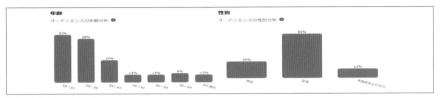

●アクセスデバイスの傾向

iPhoneおよびAndroidスマホからのアクセスが中心で、PCやMacのWebブラウザから16％、iPadとAndroidタブレットからはそれぞれ5％前後となっています。

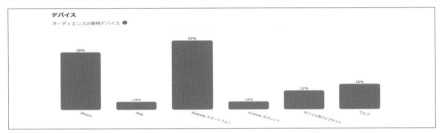

ピンからの高い集客力

　ピンには、Webサイトやブログなどへのリンクを設定できます。商品やサービスのキーワードと特長をピンで簡潔にまとめておけば、比較的容易にWebサイトやブログに誘導することができます。つまり、Webサイトへの誘導は、ピンの画像や説明文、タイトルに、好奇心をくすぐるキーワードやイメージを表示できるかにかかっているといえるでしょう。ピンの表示を工夫して、Webサイトへの集客力を高めましょう。

▲ピンにはWebサイトへのリンクを設定することができます

広告を配信できる

　ビジネスアカウントでは、ピンと同じ形式の広告を配信することができます。広告は、**ホームフィード**や検索結果、関連ピンのリストに表示され、他のピンと同じ形式で違和感なく配置することができます。また、キーワードや郵便番号などでターゲティングでき、効果的にアプローチすることができます。広告を活用して、ビジネスを効率よく広げていきましょう。

▲広告はピンと同じ形式で目立たず、比較的クリック率が高い傾向にあります

分析機能が充実している

　ビジネスアカウントでは、ユーザーを分析できる**Pinterestアナリティクス**機能が用意されています。性別や年齢層、利用デバイス、カテゴリなど、さまざまな角度からユーザーの傾向を分析することができます。データを基にして、ビジネスを計画的に、効率よく進めてみましょう。

05-02

ビジネスアカウントでできること

ビジネスでの活用法を知る

Pinterestでは、ビジネスでの利用に特化したビジネスアカウントに切り替えることができます。ビジネスアカウントでは、Webサイトの情報を同期できるリッチピンやPinterestアド、アナリティクスなど、ビジネスの活性化を促す機能が用意されています。

Webサイト認証を受けられる

　ビジネスアカウントを取得したら、Webサイト認証を設定しましょう。運営するWebサイトでPinterestの認証を受けると、PinterestとWebサイトが関連付けされ、Webサイトへのリッチピンの設置が可能になります。他のユーザーがWebサイトの画像でピンを作成すると、情報が拡散されWebサイトへのアクセスが向上します。

▲Webサイト認証されると、サイト名の左に認証マークとURLが表示され、クリックするとリンク先を開くことができます

リッチピンを作成できる

　「リッチピン」とは、Webサイトの情報を自動的にピンの情報として同期できるピンのことです。Webサイトに掲載されている画像をPinterestのピンとして保存すると、Webサイト上のタイトルや説明文がそのままピンのタイトルや説明文として記載されます。また、Webサイト側でタイトルや説明文が更新されると、ピン上の記載も自動的に記載されます。リッチピンには、「記事ピン」、「プロダクトピン」、「レシピピン」、「アプリピン」の4種類がありますが、アプリピンは日本では対応していません。

種類	ピンの概要
記事ピン	Webサイトの情報をピン留めできます。ピンに著者名、タイトル、説明文を追加できます。
レシピピン	Webサイトに掲載されたレシピをピン留めできます。ピンに料理名、分量、調理時間、レシピの評価、食べ物の好み、材料の一覧などを表示できます。
プロダクトピン	購入可能な商品やサービスをピン留めできます。最新の価格、在庫状況、商品の詳細を表示できます。

●記事ピン

▲Webページのタイトルと説明文がそのままピンに表示されます

●レシピピン

▲Webページに記載された、材料名と分量、調理法などがピンに表示されます

●プロダクトピン

▲Webページ上の商品名とサイズや価格などがピンに表示されます

広告を作成・配信できる

　Pinterestでは、ピンを作成する要領で簡単に広告を作成することができます。Pinterest広告は、他のピンと同じ形式で検索結果や**ホームフィード**などに表示され、画像や動画で視覚的にアピールすることができます。また、広告はピンと同じ形式で目立たず、比較的クリック率が高いのが特徴です。広告を効果的に配信して、効率的に集客しましょう。

プロフィールカバーを表示できる

　ビジネスアカウントを取得すると、プロフィール画面にプロフィールカバーの画像を設定できるようになります。プロフィールカバーを設定すると、アカウントの目的やイメージを視覚的にアピールすることができます。プロフィールカバーに適切な画像を設定して、潜在的な顧客にアピールしてみましょう。

05-03

ビジネスアカウントを取得しよう

ビジネスアカウントの取得方法

Pinterestのビジネスアカウントでは、Webサイトと同期がとれるリッチピンや広告を運用したり、データ分析ツールを利用したりできるなど、ビジネスに寄り添った機能が用意されています。Pinterestをうまく活用して、ビジネスを活性化させてみましょう。

個人アカウントをビジネスアカウントに移行する

1 ビジネスアカウントに切り替える

プロフィールアイコンの右にある ❤ をクリックしてメニューを表示し、**ビジネスアカウントへ切り替える**をクリックします。

2 アカウントをアップグレードする

ビジネスアカウントと個人アカウントの違いが表示されるので、内容を確認し、**アップグレード**をクリックします。

> ⚠ Check
>
> **個人運用でもビジネスアカウントに切り替えよう**
>
> ビジネスアカウントは、無料で取得できます。また、広告の配信以外はすべて無料で運用できます。ビジネスアカウントを取得すると、Webサイト認証やリッチピンの設置、プロフィールカバーの作成など、さまざまな機能が利用できるようになります。Webサイトやブログを運営しているユーザーは、ビジネスアカウントを取得するとよいでしょう。

3 業種を登録する

ユーザーの業種を選択し、**次へ**をクリックします。

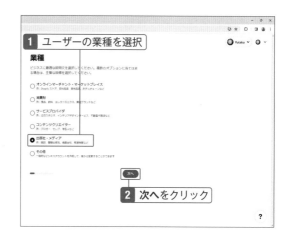

1 ユーザーの業種を選択

2 次へをクリック

4 社名とWebサイトを登録する

ビジネス/サービス名に社名、ブランド名などを入力し、**国/地域**で**日本（日本）**を選択して、**ウェブサイト**にWebサイトのURLを入力し、**次へ**をクリックします。

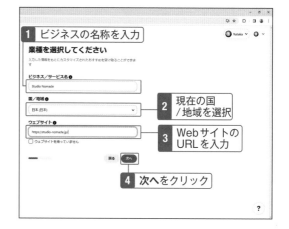

1 ビジネスの名称を入力

2 現在の国/地域を選択

3 WebサイトのURLを入力

4 次へをクリック

5 ビジネスの目的と商材を登録する

ビジネスの目的を選択して、取り扱う商材のカテゴリを選択し、広告検討の有無を選択して、**次へ**をクリックします。

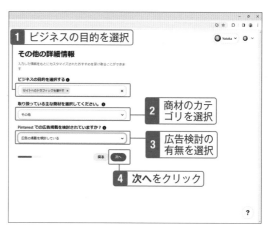

1 ビジネスの目的を選択

2 商材のカテゴリを選択

3 広告検討の有無を選択

4 次へをクリック

6 次のアクションの目的を選択する

次のアクションについて質問されるので、目的のアクションを選択します。まだ決まっていない場合は、**ブランドを紹介する**を選択しましょう。

① ブランドを紹介するをクリック

② 次へをクリック

7 プロフィール情報を登録する

ビジネスアカウント仕様のプロフィールの編集画面が表示されるので、必要な情報を追加したり、編集したりして**保存する**をクリックします。

① プロフィールを編集

② 保存するをクリック

💡 Hint

個人アカウントに戻すには

ビジネスアカウントを個人アカウントに戻すには、**プロフィール**アイコンの右にある ✓ をクリックしてメニューを表示し、**設定**を選択して**設定**画面を表示します。左のメニューで**アカウント管理**をクリックすると表示される画面で、**アカウントを切り替える**をクリックして、表示される画面の指示に従います。なお、ビジネスアカウントから個人アカウントに切り替えると、ビジネス用ツールや広告機能にアクセスできなくなるため注意が必要です。

▲ [設定] 画面のメニューで [アカウント管理] を選択し、[アカウントを切り替える] をクリックします

新規ビジネスアカウントを取得する

1 アカウント作成画面を表示する

Pinterestのトップページを表示し、右上の**無料登録**をクリックします。

1 無料登録をクリック

2 ビジネスアカウント取得画面を表示する

個人アカウント作成画面が表示されるので、最下部の**無料のビジネスアカウントを作成する**をクリックします。

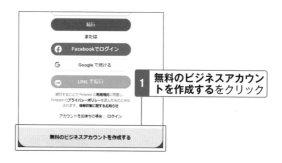

1 無料のビジネスアカウントを作成するをクリック

3 ビジネスアカウントを作成する

メールアドレスとパスワード、生年月日を入力し、**アカウントを作成する**をクリックします。

1 これらを入力

2 アカウントを作成するをクリック

P.147の手順3の図が表示されるので、画面の指示に従って設定を進めます

📝 Note

アカウントを削除するには

アカウントを削除するには、**プロフィール**アイコンの右にある˅をクリックしてメニューを表示し、**設定**を選択して設定画面を表示します。左のメニューで**プライバシーとデータ**をクリックすると表示される画面で、**データとアカウントを削除する**にある**データを削除する**をクリックして、表示される画面の指示に従います。なお、アカウントを削除すると、Pinterestに保存されているすべてのデータが削除されます。

Webサイト認証を受けよう

Web認証はかなり重要なポイントになる

ビジネスアカウントを作成したら、次にWebサイトのドメイン所有権の認証を実行しましょう。Webサイトを認証すると、プロフィールに認証マークが表示され、写真やブログなどのコンテンツがPinterestで共有される頻度を確認できるようになります。

Webサイトを認証する

1 [設定]画面を表示する

プロフィールのアイコンの右にある∨をクリックしてメニューを表示し、**設定**をクリックします。

2 [認証する]をクリックする

左のメニューで**認証済みのアカウント**を選択し、**ウェブサイト**の**認証する**をクリックします。

3 認証する方法を選択する

認証する方法を選択します。ここでは、[HTMLタグを追加する] を選択します。**[HTMLタグを追加する]** に表示されているコードをクリックしてコピーします。

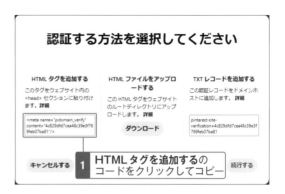

4 コードをHTMLの[head]タグに貼り付ける

WebサイトのHTML編集画面を表示し、**head**タグの直下に貼り付けます。

5 [続行する] をクリックする

この画面に戻って**続行する**をクリックします。

🔖 Hint

テーマの機能でコードを設定する

　WordPressのWebサイトにWebサイト認証のコードを設定する場合、テーマのカスタマイズ機能を利用すると、簡単な手順でミスなく作業できます。まず、コードをコピーし、WordPressのダッシュボードのメニューで**外観**→**カスタマイズ**を選択して、**Header/Footer scripts**を選択すると表示される画面で、**Footer scripts**の入力欄にコードを貼り付けます。なお、カスタマイズメニューの内容については、テーマによって異なることがあるため、ご利用のテーマでの設定方法をご確認ください。

⑥ Webサイトの URL を登録する

Webサイトの URL を入力し、**確認する**をクリックします。

⑦ Webサイト認証が実行される

Webサイトの認証が実行されます。

⑧ Webサイト認証が完了した

Webサイトの認証が完了しました。引き続き Google タグマネージャーにタグをインストールする場合は、**タグをインストールする**をクリックします。

📖 **Note**

Webサイト認証を解除する

Webサイトの認証を解除するには、**設定**画面を表示し、左のメニューで**認証済みのアカウント**を選択して、**ウェブサイト**で目的の Web サイト名の右に表示されている**認証を解除する**をクリックし、確認画面で**認証を解除する**をクリックします。

05-05

リッチピンを設定しよう

リッチピンはビジネスアカウント専用

ビジネスアカウントでは、Webサイトと情報を同期できるリッチピンを利用できます。
リッチピンは、自分以外のユーザーがWebサイトの画像や動画をピンとして保存した
際、そのタイトルや内容をWebサイト記載のものを自動的に表示できます。

リッチピンとは

「リッチピン」は、自分が運営するWebサイトの画像を他のユーザーがピンとして保存す
る際、Webサイトに記載されたタイトルや情報をそのままピンに反映できる機能です。他
のユーザーにピンとしてWebサイトの画像を保存してもらうことで、Webサイトの情報
を拡散してもらうことができ、ユーザーをWebサイトに誘導することもできます。リッチ
ピンには、「記事ピン」、「レシピピン」、「プロダクトピン」の3種類があります。

●記事ピン：ピンを保存すると、ピンのタイトルと説明文にWebサイトに記載されている
タイトルと記事のデータが表示されます。

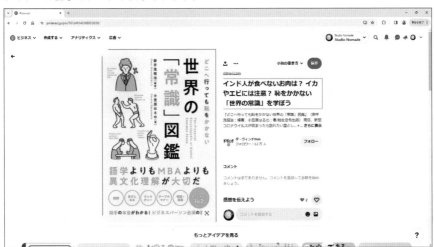

●レシピピン：ピンを保存すると、Webサイトに記載されているレシピの料理名や材料、調理法などデータがピンに表示されます。

●プロダクトピン：ピンを保存すると、Webサイトに記載されている商品名や価格、在庫、商品の詳細などのデータがピンに表示されます。

記事ピンを作成する

1 **[設定]画面を表示する**

プロフィールアイコンの右にある❤をクリックしてメニューを表示し、**設定**をクリックします。

2 認証コードを表示する

左のメニューで**設定済みのアカウント**をクリックし、**ウェブサイト**にある**認証する**をクリックして、認証コードを表示します。

1 認証済みのアカウントをクリック

2 認証するをクリック

3 コードをコピーする

HTMLタグを追加するのコードをクリックしてコピーします。

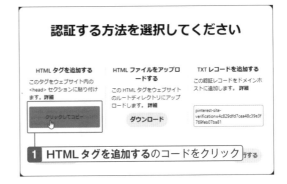

認証する方法を選択してください

1 HTMLタグを追加するのコードをクリック

4 [ウェブマスターツール]の設定画面を表示する

Webブラウザで WordPressのダッシュボードを表示し、左のメニューで**All in One SEO**にある**一般設定**をクリックして、表示される画面で**ウェブマスターツール**タブを選択し、**Pinterest**をクリックして入力欄を表示します。

1 All in One SEO をクリック

2 一般設定をクリック

3 ウェブマスターツールタブを選択

4 Pinterest をクリック

5 コードを貼り付ける

入力ボックスが表示され
るので、コピーしたコード
を貼り付けます。

入力ボックスにコピーし
たコードを貼り付ける

6 認証番号を登録する

貼り付けたコードの内、最
後 に あ る「content="」
より後の「""」で囲まれた
文字列だけを残してあと
は削除し、右上の**変更を保
存**をクリックします。

1 コードの「content="」より後の「""」
で囲まれた文字列のみを残して削除

2 **変更を保存**をクリック

7 Open Graphマーク
アップを有効にする

左のメニューの**All in One
SEO**にある**ソーシャル
ネットワーク**をクリックし、
Facebookタブを選択し
て、**Open Graphマーク
アップを有効化**をオンにし
ます。

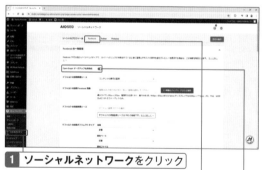

1 **ソーシャルネットワーク**をクリック

2 **Facebook**を選択

3 **Open Graph**マークアッ
プを有効化をオンにする

🖑 Hint

OGPを有効にする

「OGP」は、「Open Graph Protocol」の略で、Webページについてのメタ情報を正しく表示させるた
めのHTML要素です。リッチピンを作成する際に、「Open Graph Protocol（オープングラフプロトコ
ル）」と呼ばれるプロトコルが有効になっていなければ自動的に反映されません。そのため、この手順に
従ってOpen Graph Protocolを有効にする必要があります。

156

記事ピンを保存する

1 アイコンをクリックする

自分のWebサイトで目的のWebページを表示し、画像にマウスポインタを合わせて、画像の左上に表示されるアイコンをクリックします。

1 画像にマウスポインタを合わせる

2 左上のアイコンをクリック

📋 Note

自分のサイト画像で記事ピンを作成しよう

自分のWebサイトで記事ピンの設定が完了したら、Webサイトの画像で記事ピンを作成してみましょう。自分のWebサイトの画像で記事ピンを作成すると、Pinterest上でその記事ピンが他のユーザーに検索され、情報が拡散される可能性があります。記事ピンの設定が終わったら、自分のWebサイトの画像で記事ピンを作成しておきましょう。

2 保存先のボードを指定する

ボードの一覧が表示されるので、保存先となるボードの**保存**をクリックします。

1 目的のボードの**保存**をクリック

3 保存された記事ピンを表示する

ピンが保存されました。**今すぐ見る**をクリックして、保存されたピンを開きます。

Studio Nomade 著書に保存しました

1 今すぐ見るをクリック

05-06

ピンを自動的に投稿できるようにしよう

生産性向上のための自動投稿

自分のWebサイトに掲載した画像は、自分のボードにピンとして自動的に保存することができます。自分のWebサイトの画像をピンとして公開することで、他のユーザーに商品やサービスを知ってもらったり、ユーザーをWebサイトに誘導したりできます。

Webサイトの画像をピンとして保存する

1 [設定]画面を表示する

プロフィールアイコンの右にある✔をクリックしてメニューを表示し、**設定**をクリックします。

2 [RSSフィードをリンクする]をクリックする

左のメニューで**ピンの一括作成**をクリックし、表示される画面で**RSSフィードをリンクする**をクリックします。

⚠ Check

Webサイトの画像を自動的にピンとして保存する

この手順に従ってRSSフィードを登録すると、Webサイトに掲載されている画像を自動的にピンとして保存することができます。Webサイトの画像はすべてピンとして保存する場合には、ピン作成の手間を省けて便利です。

3 カテゴリのURLをコ
ピーする

自分のWebサイトのピン
として保存したいカテゴ
リのページを表示して、そ
のURLをコピーします。

1 目的のカテゴリのページを表示

2 アドレスバーでURLを選択し右クリック

3 コピーを選択

4 URLを貼り付ける

RSSフィードのURLの
入力欄にコピーしたURL
を貼り付けます。

1 URLを貼り付ける

5 フィードのURLとして
登録する

貼り付けたURLの末尾に
「feed」と入力し、保存先
となるボードを選択して、
保存するをクリックしま
す。

1 URLの末尾に「feed」と入力

2 保存先のボードを選択

3 保存するをクリック

6 指定したカテゴリの画
像がピンとして保存さ
れる

Webサイトに掲載されて
いる画像が自動的にピン
として指定したボードに
保存されます。

05

Pinterestをビジネスで使おう

Webページの画像に保存ボタンを表示させよう

保存ボタンは情報拡散の便利ツール

自分のWebサイトの画像を他のユーザーがピンとして保存してくれれば、それだけWebサイトの情報が拡散され、ビジネスに良い影響があります。Webサイトの画像には、誰でもPinterestのピンとして保存できるように、保存ボタンを表示されるようにしておきましょう。

画像をピンとして保存してもらえるように準備しておこう

Webサイトの画像がピンとして保存されると、Webサイトの情報が拡散され、商品やサービスなどを広く知ってもらえるきっかけになります。Webサイトに掲載されている画像を誰でもピンとして保存できるように、画像に**保存**ボタンを表示しておきましょう。画像に**保存**ボタンを表示させるには、専用コードをWebサイトのHTMLの**body**タグの終わりに挿入します。

🗓 2023年10月2日 / 最終更新日時：2023年10月2日　✏ Yutaka Yoshioka　　　新刊案内

はじめての今さら聞けないインスタグラム［第3版］

おひさしぶりです。

さしぶりです。

10月に入って少し涼しくなってきました。

とはいえ、最高気温30度とか、謎ですね。

それより気になるのは、虫が鳴いていないこと。

毎年なら9月から虫がうるさい程鳴くんですけどね。

今年は暑すぎて虫が育たなかったんですかね。

▲［保存］ボタンはマウスポインタを画像に合わせると表示されます

［保存］ボタンの種類とコード

Pinterestの**保存**ボタンには、四角と丸の2種類があり、それぞれに大と小の2種類があります。気に入った**保存**ボタンのコードをHTMLの**body**タグの終わりに挿入しましょう。

四角ボタン（小）

●四角ボタン（小）のコード
```
<script
  type="text/javascript"
  async defer
  src="//assets.pinterest.com/js/pinit.js"
  data-pin-hover="true">
</script>
```

四角ボタン（大）

●四角ボタン（大）のコード
```
<script
  type="text/javascript"
  async defer
  src="//assets.pinterest.com/js/pinit.js"
  data-pin-hover="true"
  data-pin-tall="true">
</script>
```

丸ボタン（小）

●丸ボタン（小）のコード
```
<script
  type="text/javascript"
  async defer
  src="//assets.pinterest.com/js/pinit.js"
  data-pin-hover="true"
  data-pin-round="true">
</script>
```

丸ボタン（大）

●丸ボタン（大）のコード
```
<script
  type="text/javascript"
  async defer
  src="//assets.pinterest.com/js/pinit.js"
  data-pin-hover="true"
  data-pin-tall="true"
  data-pin-round="true">
</script>
```

WordPressのWebサイトに［保存］ボタンを設置する

1 テーマのカスタマイズ画面を表示する

前ページにある**保存**ボタンのコードのいずれかをコピーしておきます。WordPressのダッシュボードを表示し、左のメニューで**外観→カスタマイズ**を選択します。

1 **外観**にマウスポインタを合わせる

2 **カスタマイズをクリック**

⚠ Check

拡張機能のボタンと重なって表示される

WebブラウザにPinterestに保存拡張機能をインストールしている場合、この手順で保存ボタンを設置すると、拡張機能のPinterestに保存ボタンと同じ位置に二重に表示されるので注意が必要です。

2 ヘッダー/フッタースクリプトの編集画面を表示する

Header/Footer scriptsをクリックして、ヘッダースクリプト、フッタースクリプトの編集画面を表示します。

1 **Header/Footer scriptsをクリック**

3 コードを貼り付ける

Footer scriptsのテキストボックスにコピーしたコードを貼り付け、**公開**をクリックします。

1 **[Footer scripts]のテキストボックスにコードを貼り付ける**

2 **公開をクリック**

公開をクリックすると、右のプレビューで画像にマウスポインタを合わせて保存ボタンを確認できます

💡 Hint

プラグインを使わない場合

プラグインを使わずに**保存**ボタンを設置する場合は、HTMLの編集画面で<body/>タグの直前にコードを挿入します。HTMLを編集すると、必要なタグまで削除したり、不要な空白やピリオドが挿入されたりするなどミスを起こしかねません。プラグインがある場合は、極力プラグインを利用して設定しましょう。

05-08

プロフィールのカバー画像を作ってみよう

視覚に訴える方法

ビジネスアカウントでは、プロフィール画面の背景にプロフィールカバーを設定し、アカウントの目的やイメージを視覚に訴えることができます。商品写真やキーワード、会社のロゴマークを表示して、潜在的な購買層にアピールしましょう。

プロフィールカバーを設定する

1 プロフィールカバーの作成画面を表示する

プロフィールのアイコンをクリックしてプロフィール画面を表示し、プロフィールカバーの位置にある**＋**をクリックします。

2 画像の選択画面を表示する

参照するをクリックし、画像の選択画面を表示します。

05

Pinterest をビジネスで使おう

📓 Note

プロフィールカバーを変更するには

　プロフィールカバーの画像を編集するには、プロフィール画面を表示し、プロフィールコラムカバーの右下に表示されている**編集**のアイコン✐をクリックし、**カバーを変更する**を選択すると表示されるプロフィールカバーの編集画面で再度プロフィールカバーとなる画像を選択し直し、位置とサイズを調節します。

3 プロフィールカバーの画像を選択する

画像の保存先を選択し、目的の画像を選択して、**開く**をクリックします。

1 画像の保存先を選択

2 目的の画像を選択

3 開くをクリック

4 切り取る範囲を調節する

枠の4隅に表示されるハンドルをドラッグして切り取る範囲を指定し、画像をドラッグして切り取る位置を調節します。**完了**をクリックするとカバー画像が設定されます。

カバーをトリミング

1 ハンドルをドラッグして切り取る範囲を調節

2 画像をドラッグして切り取る位置を調節

3 完了をクリック

5 プロフィールカバーが設定された

プロフィールカバーに画像が設定されました。

📋 **Note**

プロフィールカバーに適した画像

　プロフィールカバーの画像サイズは、横800×縦450px以上が推奨されています。このサイズを目安に、Adobe Expressなどを利用して、プロフィール画像を作成してみましょう。

Pinterestに広告を
配信しよう

　オンラインストアやブログを運営している場合は、Pinterest
アドを検討してみてはいかがでしょうか？　Pinterestアドは、
Pinterest内で配信される広告のことで、他のピンと同じ形式
で表示されます。そのため、広告としての主張が薄く、情報の
ひとつとして高確率でクリックされる傾向にあります。ピンの
内容に興味を持ってもらえれば、オンラインストアやブログに
アクセスしてもらえる可能性が大きく上がります。Pinterest
アドを活用して、ビジネスを向上させてみましょう。

06-01

Pinterest アドとは

Pinterest の広告を使いこなす

Pinterest では、商品やサービスなどの広告を配信することができます。Pinterest アドは、他のピンと同じ形式で表示され、[ホームフィード]や検索結果でもほとんど違和感がないことから、広告への拒絶反応も少なくクリック率も高い傾向にあります。

Pinterest アドの概要

　「Pinterest アド」とは、Pinterest上で配信される画像や動画を中心とした広告のことです。他のピンと同じように、ピン上に画像または動画が表示され、その下にタイトルと「広告」、広告主の名前だけがあるシンプルなもので、ピンの一覧に溶け込んで違和感なくクリックできるのが特徴です。また、広告はピンの作成方法と同じ手順で作成できるため、気軽に出稿できるのも大きなメリットです。世界のアクティブユーザーは4億8千万人以上ですが、日本のアクティブユーザーは870万人ほどで、伸びしろの大きいマーケットといえるでしょう。

・コレクションアド

・ショッピングアド

▲広告：WhO

▲広告：RENEAUTUS LIMITED

● Pinterestユーザーは意欲が高い

ホームフィードには、ユーザーの検索キーワードや作成したボードのカテゴリ、閲覧したピンの内容などの情報が反映されたピンや広告が表示されます。つまり、Pinterestを使うほどに趣味や興味に合った情報が表示されるようになるわけです。Pinterestユーザーは、常に必要な情報を検索する意欲的なユーザーといえます。広告の情報も積極的に閲覧し、クリック率も高い傾向にあります。

● 広告も情報のひとつとして捉えられている

Pinterestアドは、他のピンと同じ形式で表示されるため、**ホームフィード**や検索結果の中に紛れ込んでいます。ピンのリストでは、画像とその下にタイトル、「広告」、広告主の名前のみが表示されています。意識してみなければ、他のピンと見分けがつかないほどで、広告　もひとつの情報として自然に閲覧されます。

▲広告も情報のひとつとして他のピンと同様に配置されています

●広告媒体として伸びしろが大きい

　Pinterestは、全世界で4億8千万人ものアクティブユーザーがいますが、日本ではまだ870万人です。そして、Pinteresアドが日本でリリースされたのは、2022年6月とまだ日が浅く、広告媒体として期待値が高いわりに参入している企業がそれほど多くありません。広告費用も単価が低く、低コストで潜在的な購買層を掘り起こすことができます。

●9種類のフォーマットから適したものを選べる

　Pinterestアドには、「画像」、「動画」、「ワイド動画」、「カルーセル」、「コレクション」、「ショッピング」、「アイデア」、「ショーケース」、「クイズ（日本では未展開）」の9種類のフォーマットが用意されています。商品やサービスに適したフォーマットを選んで、効果的にアピールすることができます。

▲商品やキャンペーンの目的に合わせてさまざまなフォーマットが用意されています

06-02

Pinterestアドの種類と料金

Pinterestの広告料金は用途によって違う

Pinterestアドには、5つの広告配信の目的に合わせて、9種類の広告フォーマットが用意されています。また、広告目的に合った料金体系が設定され、無理なく広告配信を利用できるように工夫されています。まずは、自身の広告配信の目的を確認して、必要な広告フォーマットと料金を選びましょう。

Pinterestアドの構成

　Pinterestアドは、一番大きな枠組みの「キャンペーン」、広告を分類・管理する「アドグループ」と「広告（ピン）」の3階層構造となっています。1つのキャンペーンには、1つの広告配信目的が設定され、その目的に応じたアドグループと広告が保存されます。キャンペーンの配信目的は、5種類定められていて、目的に合わせて適切な広告フォーマットが用意されています。

　また、「アドグループ」は、広告（ピン）を保存し、目的やターゲットで分類、管理することができます。まずは、広告を配信する目的を決めて、その目的に適した広告を考えましょう。広告配信目的は次の5種類です。

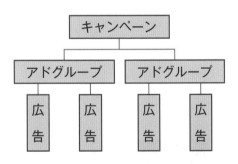

- ・ブランド認知度：企業名やブランドの認知度を向上させる。
- ・動画視聴回数：動画視聴回数を上げて、ブランドや企業の認知度を上げる。
- ・比較検討：商品やサービスの比較検討を促して、購買意欲を高める。
- ・コンバージョン数：ウェブサイトでのアクションを促して、購買意欲を高める。
- ・カタログ販売：購買意欲を高め、売り上げを伸ばす。

キャンペーン目的	対応フォーマット
ブランド認知度	画像・動画・ワイド動画・カルーセル・コレクション・アイディア
動画視聴回数	動画・ワイド動画
比較検討	動画・ワイド動画
コンバージョン数	画像・動画・カルーセル・コレクション・アイディア
カタログ販売	ショッピング・コレクション

Pinterestアドの種類

Pinterestアドには、「画像」、「動画」、「ワイド動画」、「カルーセル」、「コレクション」、「ショッピング」、「アイデア」、「ショーケース」、「クイズ」の9種類のフォーマットが用意されています。また、広告の配信目的が5種類定められていて、広告の配信目的によって利用できるフォーマットが決まっています。なお、2024年1月現在、日本ではクイズアドの配信は行えません。広告の配信目的と利用できる広告フォーマットを確認しておきましょう。

●画像アド

表示：PC Web/Pinterest モバイルアプリ
特徴：1枚の画像とタイトル、コメントのみで構成されており、通常の投稿と同じサイズで利用できる広告フォーマット。
種類：画像
推奨アスペクト比：2:3 (1000×1500px)

◁標準のピンと同じ仕様で、1枚の画像が表示されます

◁画像をタップするとリンク先のWebサイトが表示されます
広告：フィジーエアウェイズ

●スタンダード動画アド

表示：PC Web/Pinterest モバイルアプリ
特徴：通常投稿と同じサイズの動画を表示できる広告フォーマット。
種類：動画
推奨サイズ：2:3 (1000×1500px)

◁他のピンと同じサイズの動画が表示されます

◁動画をタップすると動画のコントロールバーが表示されます
広告：オメガ

●ワイド動画アド

表示：PC Web/Pinterest モバイルアプリ
特徴：モバイルの横幅いっぱいに表示される動画の広告フォーマット。作成は有料。
種類：動画
推奨サイズ：1:1 (1500×1500px)、9:16 (1080×1920px)

◀モバイル端末の幅
いっぱいに動画が
表示されます

◀画面をタップする
と動画のコント
ロールバーが表示
されます
広告：Panasonic
Japan

●カルーセルアド

表示：PC Web/Pinterest モバイルアプリ
特徴：2〜5枚までの画像をスワイプで表示できる広告フォーマット。
種類：画像
推奨サイズ：1:1 (1500×1500px)、2:3 (1000×1500px)

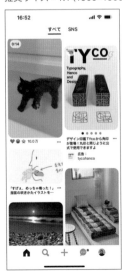

◀画像の下に画像の
点数を示す点が表
示されています

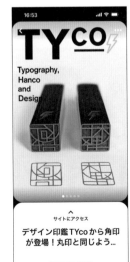

◀画像を左右にスワ
イプすると次の画
像に切り替えられ
ます
広告：Tyco

●ショッピングアド

表示：PC Web/Pinterest モバイルアプリ
特徴：1枚の商品画像を表示でき、商品をそのまま購入できる広告フォーマット。
種類：画像
推奨サイズ：2:3 (1000×1500px)

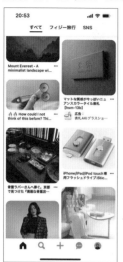

◀標準のピンと同じ
仕様ですが、開く
と価格や仕様の情
報が表示されます

◀価格や商品の情報
が表示され、リンク
先のサイトで購入
することができま
す
広告：表札ワールド
（安芸グラス工芸）

●コレクションアド

表示：Pinterest モバイルアプリ
特徴：メイン画像1枚と関連する3枚の画像から構成される広告フォーマット。画像と動画を組み合わせる
　　　ことも可能。
種類：画像、動画
推奨サイズ：1:1 (1500×1500px)、2:3 (1000×1500px)

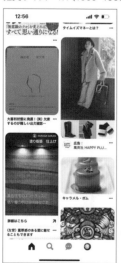

◀メイン画像の下に
3枚のサブ画像が
表示されています

◀上に向かってスワイ
プするとコレク
ションの一覧が表
示されます
広告：集英社 HAP
PY PLUS STORE

●アイデアアド

表示：PC Web/Pinterest モバイルアプリ
特徴：複数の画像や動画、テキストを組み合わせて構成させる広告フォーマット。
種類：動画（複数の動画、画像、テキストを組み合わせて1つの動画にする）
推奨サイズ：9:16（1080×1920px）

◀縦横比が9:16のピン
　で表示されています

◀複数の画像と動画が
　組み合わされた1本
　の動画を表示できま
　す
　広告：ナカムラコー
　ポレーション

●ショーケースアド

特徴：複数のカードを使用したマルチレイヤー型の広告フォーマットです。
種類：画像、動画
推奨サイズ：2:3（1000×1500px）

◀画像の下に［ショー
　ケースを見る］と表
　示されています

◀下部のリストをク
　リックして画像、動
　画を切り替えます
　広　告：Panasonic
　Japan

●クイズアド

特徴：多肢選択式の質問と回答を備えた広告フォーマットです。日本ではまだ利用できません。
種類：画像、動画、テキスト
推奨サイズ：2:3（1000×1500px）

Pinterestアドの費用

　Pinterestアドの費用は、広告配信目的によって異なります。例えば、広告配信目的が「ブランド認知度」の向上なら、広告は1000回表示あたりの金額（インプレッション単価）を設定します。また、「比較検討」なら、クリックあたりの金額（クリック単価）を設定します。請求方法は「毎月1日前月分請求」または、「支払い基準に達した時点での請求」の2種類から選択できます。

広告配信目的：ブランド認知度
入札方法：CPM（インプレッション単価）
広告1000回表示あたりの単価を設定します。

広告配信目的：動画視聴
入札方法：CPV（広告視聴単価）
動画を2秒以上視聴した場合を1回としてカウントし、その1視聴あたりの金額を設定します。

広告配信目的：比較検討
入札方法：CPC（1クリックあたりの金額）
広告の1クリックあたりの金額を設定します。

広告配信目的：コンバージョン
入札方法：CPM（インプレッション単価）
広告1000回表示あたりの金額を設定します。

広告配信目的：カタログ販売
入札方法：顧客獲得単価（1コンバージョンあたりの金額）
顧客1人獲得あたりの金額を設定します。

広告出稿までの流れ

　Pinterestアドは、ビジネスアカウントの機能のため、個人アカウントはビジネスアカウントに切り替え、Webサイト認証を受ける必要があります。また、広告を見た人のアクションを追跡できるように、Webサイトにピンタレストタグを設置します。
　ここまで準備ができたら、広告の作成にかかります。広告の最も大きな枠組みとなるキャンペーンを作成し、その目的を設定して、アドグループを準備します。そして、アドグループの中に、個々の広告を作成していきます。なお、ビジネスアカウントの切り替えとWebサイトの認証については、5章のSec03とSec04を参照ください。

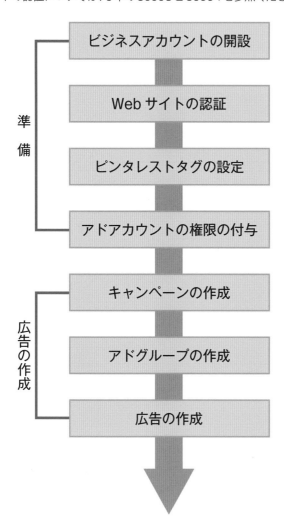

06-03

ピンタレストタグを手動で設置する

ピンタレストタグは手動で設置できる

ピンタレストタグは、広告からWebサイトにアクセスしたユーザーを追跡するための
コードで、Webサイトでのユーザーのアクションデータを取得できるようになります。
このセクションでは、手動でのピンタレスコードのインストール手順を解説します。

ピンタレストタグを生成する

1 メニューで［コンバージョン］を選択する

画面左上にあるPinterest
のロゴマークをクリック
し、メニューの**ビジネス**に
ある**コンバージョン**を選
択します。

2 [日本（円）] が選択され
ているのを確認する

はじめての場合にのみこの
画面が表示されます。通貨
の種類に**日本（円）** が選択
されているのを確認し、**次
へ**をクリックします。

3 広告ガイドラインに同
意する

広告ガイドラインをクリッ
クして、「**広告ガイドライ
ン**」を確認し、**同意する**を
クリックします。

ピンタレストタグとは？

　「ピンタレストタグ」とは、広告からWebサイトにアクセスしたユーザーの行動を収集するためにWebサイトに設置するタグのことです。Webサイト上のユーザーの行動を収集することで、広告の効果を測定したり、ユーザーの傾向を分析したりすることができます。ピンタレストタグには、Webサイト全体のアクションを計測するベースコードと、個別のアクションを計測するイベントコードの2種類があります。

4 **Pinterestタグのインストールを開始する**

　コンバージョン画面が表示されるので、左のメニューで**タグマネージャー**を選択し、表示される画面で**Pinterestタグをインストールする**をクリックします。

ベースコードとイベントコード

　ピンタレスタグの「ベースコード」は、広告からWebサイトへのアクセスを計測するタグで、「イベントコード」はユーザーの個々のアクションを計測するタグです。WebサイトまたはGoogleタグマネージャーに設置しますが、イベントコードはベースコードが設置されていなければ機能しません。

5 **タグをインストールするWebサイトを指定する**

　WebサイトのURLを入力し、**確認する**をクリックします。

6 **タグIDをコピーする**

　右上に表示される**タグID**をコピーし、メモ帳などに貼り付けておきます。**スキップして手動で設定する**をクリックします。

7 [続行する]をクリック
する

続行するをクリックしま
す。

1 続行するをクリック

8 共有する情報を選択す
る

初期設定ではすべての項
目が有効になっています。
共有する顧客の情報をオ
ンにし、共有しない情報は
オフにして、**続行する**をク
リックします。

1 必要な項目をオンにする

2 続行するをクリック

⚠ Check

自動エンハンスドマッチとは？

「自動エンハンスドマッチ」は、Webサイトでユーザーが会員登録したり、商品を購入したりした際に
発生する個人情報を、不規則な文字列に変換して安全にピンタレストと共有するピンタレストタグの機
能です。手順8の図では、自動エンハンスドマッチの有効／無効を切り替えたり、有効にした場合にPint
erestと共有する情報を選択したりすることができます。なお、Pinterestと共有できる情報は次の6種
類です。
・メールアドレス　・姓名　・電話番号　・性別　・生年月日　・都市、州、郵便番号、国

---

9 Googleタグマネー
ジャーを開く

このページが表示された
ら、このページは開いてお
いて、Googleタグマネー
ジャーを開きます。

1 このページを開いたままにしておく

2 別のタブまたはウィンドウでGoogleタグマネージャーを表示

Google タグマネージャーにベースコードを登録する

① 新規タグを作成する

Google タグマネージャーを表示し、目的のアカウントのコンテナを表示して、左のメニューで**タグ**を選択し、右上の**新規**をクリックして新規タグ作成画面を表示します。

1 Google タグマネージャーを表示
2 目的のアカウントを選択
3 **タグ**をクリック
4 新規をクリック

② タグの設定画面を表示する

タグの名前を編集し、**タグの設定**をクリックします。

1 タグの名前を編集
2 **タグの設定**をクリック

③ 検索ボックスを表示する

右上の**検索**のアイコンをクリックし、検索ボックスを表示します。

1 検索をクリック

🐤 Hint

HTMLにコードを貼り付ける

この手順では、Google タグマネージャーを使ってピンタレストタグをインストールする方法を解説していますが、ピンタレストタグはWebサイトのHTMLに挿入しても、設定することができます。ベースコードもイベントコードも、コ ピ ー し てHTMLの<head>タ グ と</head>タグの間に貼り付けて設定します。

タグタイプを検索する

検索ボックスに「Pintere
st」を入力し、表示される
検 索 結 果 でPinterest
Tagをクリックします。

1 検索ボックスに「Pinterest」を入力

2 検索結果でPinterest Tagをクリック

5 **タグの詳細を設定する**

Tag IDにコピーしておい
たタグIDを貼り付け、**Ev
ent to Fire** で **Base
Code Only (no event)**
を選択します。下部の**トリ
ガー**をクリックし、**トリ
ガーの選択**画面を表示し
ます。

1 [Tag ID] にコピーしておいたタグIDを貼り付ける

2 Event to FireでBase Code
Only (no event) を選択

3 トリガーをクリック

6 **トリガーを設定する**

トリガーのリストが表示さ
れるので、**All Pages**を
選択します。

1 All Pages を選択

7 **タグを保存する**

右上の**保存**をクリックす
ると、Pinterestタグの
ベースコードが設定され
ます。

1 保存をクリック

1 タグを新規作成する

Googleタグマネージャーの**サマリー**画面を開いています。**新しいタグ**をクリックし、新規タグの作成画面を表示します。

1 サマリーをクリック

2 新しいタグをクリック

2 タグの設定画面を表示する

タグのタイトルを編集し、**タグの設定**をクリックします。

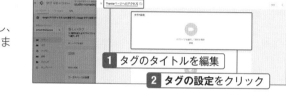

1 タグのタイトルを編集

2 タグの設定をクリック

3 検索ボックスを表示する

検索のアイコンをクリックし、検索ボックスを表示します。

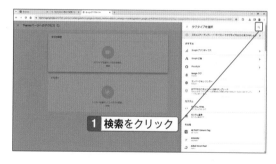

1 検索をクリック

4 タグタイプを検索する

検索ボックスに「Pinterest」と入力し、検索結果で**Pinterest Tag**をクリックします。

1 Pinterestと入力

2 検索結果でPinterest Tagをクリック

5 トリガーとなるイベント
を指定する

Tag IDにPinterestの タ
グIDを貼り付け、**Event
to Fire**で**Page Visit**を
選択します。

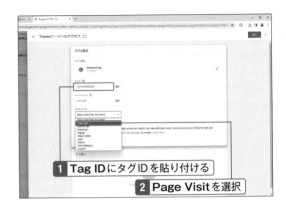

1 Tag IDにタグIDを貼り付ける

2 Page Visitを選択

6 トリガーの編集画面を
表示する

下部を表示し、**トリガー**を
クリックします。

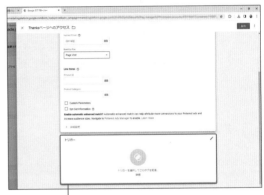

1 トリガーをクリック

7 トリガーの新規作成画
面を表示する

右上の [+] をクリックし
て、新規トリガー作成画面
を表示します。

1 +をクリック

イベントコードで設定できるイベント

「特定のページを閲覧」、「商品をショッピングカートに追加した」など、ユーザーのアクション（イベント）を追跡したいときは、解析したいアクションのイベントコードをWebサイトに追加する必要があります。Googleタグマネージャーでイベントコードを追加するには、手順5の図にある [Event to Fire] で目的のイベントを選択し、具体的なイベントの対象などを設定します。

イベント	目的
Checkout	トランザクションを完了したユーザーを追跡します。
AddToCart	ショッピングカートにアイテムを追加したユーザーを追跡します。
PageVisit	商品のページや記事のページなど、Webページを閲覧したユーザーを追跡します。
Signup	商品またはサービスに登録したユーザーを追跡します。
WatchVideo	動画を視聴したユーザーを追跡します。
Lead	商品やサービスに関心を持ったユーザーを追跡します。
Search	あなたのサイトで特定の商品や店舗情報を検索したユーザーを追跡します。
ViewCategory	カテゴリページを閲覧したユーザーを追跡します。
Custom	特別なイベントを追跡します。コンバージョンレポートに含めたい特別なイベントをトラッキングするには、このイベント名を使用します。
[User-defined event]	オーディエンスのターゲティング目的でユーザーが定義して追加したいときに使うイベントです。独自のイベントはコンバージョンレポートに使用できません。また、タグから渡された元のカスタムイベント名に空白となっているスペースがある場合、そのスペースは削除されます。

Note

HTMLにイベントコードを貼り付ける

イベントコードはWebサイトのHTMLに挿入して設定することもできます。イベントコードをHTMLに挿入するには、P.178の手順9の図で目的のイベントコードをコピーし、HTMLの<head>タグと</head>タグの間に貼り付けます。

Hint

コンバージョンキャンペーンを実施する

「コンバージョンキャンペーン」を設定すると、訪問者によるコンバージョンを計測し、コンバージョン達成に至る傾向を分析して企画立案に活用することができます。ECサイトを運営している場合は、コンバージョンキャンペーンを設定しておくとよいでしょう。コンバージョンキャンペーンを設定するには、「購入 (checkout)」、「登録 (signup)」、「リード (lead)」、「カートに追加 (addtocart)」のいずれかのイベントコードを設置する必要があります。
・checkout：ECサイトで購入完了を計測します
・signup：会員登録やサービス申込の完了を計測します
・lead：資料請求や問い合わせなど、コンバージョン達成に近い段階のアクションを計測します
・addtocart：商品やサービスがカートに追加されると計測されます

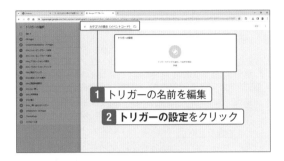

8 トリガーの設定画面を
表示する

トリガーの名前を編集し、
トリガーの設定をクリッ
クします。

1 トリガーの名前を編集

2 トリガーの設定をクリック

9 トリガーのタイプを選
択する

トリガーのタイプに**ページ
ビュー**を選択します。

1 ページビューを選択

1 [一部のページビュー] を選択

10 イベント計測の対象と
なるWebページを指定
する

イベントを計測するWeb
ページを指定します。**一部
のページビュー**を選択し、
左のメニューで**Page
URL**を選択し、中央のメ
ニューで**等しい**、右のテキ
ストボックスに計測する
WebページのURLを入力
して、**保存**をクリックしま
す。

2 Page URL を選択 **3** 等しいを選択

4 適用するWebページのURLを入力

5 保存をクリック

11 タグを保存する

トリガーが適用されこの画
面が表示されるので、**保存**
をクリックしてタグを保存
し、イベントコードのイン
ストールを完了します。

1 保存をクリック

ツールを利用してピンタレストタグをインストールする

ピンタレストタグツールの使い方

Pinterestには、ピンタレストタグをインストールできるツールが用意されていて、インストールの手間と時間を省くことができます。Googleタグマネージャーを利用している場合は、ベースコードを簡単な手順で設定することができます。

ツールを利用してベースコードをインストールする

1 メニューで [コンバージョン] を選択する

広告 をクリックし、メニューで**コンバージョン**をクリックします。

1 Pinterestのロゴマークをクリック

2 ビジネスにあるコンバージョンを選択

2 Googleタグマネージャーを起動する

左のメニューで**タグマネージャー**を選択し、表示される画面で**Google Tag Manager**のロゴをクリックします。

1 タグマネージャーをクリック

2 Google Tag Managerのロゴをクリック

> **Hint**
>
> **ツールを利用してピンタレストタグをインストールする**
>
> PinterestとGoogleタグマネージャーとの連携が設定されているWebサイトをリンクさせると、Pinterestのタグマネージャーにタグマネージャーのツールが表示されます。Googleタグマネージャーのツールを利用すると、Googleタグマネージャーにログインするだけで簡単にピンタレストタグのベースコードをインストールできます。また、イベントコードをインストールする際にも、Googleタグマネージャーの操作手順が画面で表示され、迷うことなく操作することができます。

3 ログイン画面を表示する

Google で続行をクリックします。

1 Google で続行をクリック

4 Google タグマネージャーのアカウントにログインする

ログインする Google アカウントをクリックします。

1 目的の Google アカウントをクリック

5 アカウントとコンテナを確認する

Google タグマネージャーのアカウントとコンテナを選択し、**続行する**をクリックします。

1 利用するアカウントを選択

2 目的のコンテナを選択

3 続行するをクリック

⑥ ベースコードがインストールされた

完了をクリックします。
Googleタグマネージャー
にベースコードが設定さ
れました。

1 完了をクリック

イベントコードを追加する

① メニューで[イベントコードの構成]を選択する

コンバージョン画面の左の
メニューで**タグマネー
ジャー**を選択して、Pinter
estタグの表で右端の列に
ある3つの点のアイコンを
クリックし、**イベントコー
ドの構成**を選択します。

1 タグマネージャーをクリック

2 3つの点のアイコンをクリック

3 イベントコードの構成をクリック

② イベントコードのインストールを開始する

「あなたのPinterestタグ
ID」の右に表示されている
タグIDをコピーし、**Goog
leタグマネージャーでイ
ベントをインストールする**
の**選択する**をクリックしま
す。

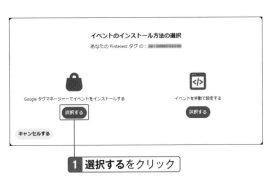

1 選択するをクリック

3 Googleタグマネージャーを起動する

Google タグマネージャーを開くをクリックします。

イベントコードの設定方法を確認する

手順3の図で［続行する］をクリックすると、Google タグマネージャーでイベントコードをインストールする際の詳細な手順が表示されます。必要な場合は、［続行する］をクリックして操作手順を表示しながら、Google タグマネージャーで作業を進めましょう。

4 タグの作成画面を表示する

Google タグマネージャーが起動するのでログインし、目的のアカウントのコンテナの**サマリー**画面を表示します。**新しいタグ**をクリックして、新規タグ作成画面を表示します。

5 タグの設定画面を表示する

タグの名前を編集し、**タグの設定**をクリックして、以降この章P181の手順に従ってイベントコードをGoogle タグマネージャーに設定します。

自動キャンペーンで広告を作成する

広告作成の手間と時間が省ける自動キャンペーン

Pinterestアドを作成するには、広告の作成工程を省略できる自動キャンペーンを利用する方法と、設定項目を確認しながら設定する手動キャンペーンの2通りがあります。まずは、自動キャンペーンを利用して、簡単な手順で広告を作成してみましょう。

Pinterest広告の構成

　「Pinterestアド」とは、Pinterest上で配信される画像や動画を中心とした広告のことです。他のピンと同じように、ピン上に画像または動画が表示され、その下にタイトルと「広告」、広告主の名前だけがあるシンプルなもので、ピンの一覧に溶け込んで違和感なくクリックへと誘導できるのが特徴です。また、広告はピンの作成方法と同じ手順で作成できるため、気軽に出稿できるのも大きなメリットです。世界のアクティブユーザーは4億8千万人以上ですが、日本のアクティブユーザーは870万人ほどで、伸びしろの大きいマーケットといえるでしょう。

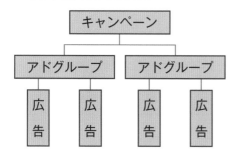

・キャンペーン

「キャンペーン」は、アドグループと広告をまとめるための大カテゴリです。キャンペーンには、次の「ブランド認知度」、「動画視聴」、「比較検討」、「コンバージョン」、「カタログ販売」の5つの目的からいずれかを設定し、目的に適したアドグループと広告フォーマットを作成します。

・アドグループ

「アドグループ」は、広告をまとめる小カテゴリです。アドグループは、1つのキャンペーン内に最大10件まで追加することができます。

・広告

「広告」は、ピンと同じ形式の画像および動画の広告です。それぞれの広告には、予算、表示期間、ターゲットが設定されていて、それらの条件に基づいて［ホームフィード］や検索結果に表示されます。また、キャンペーンの目的によって作成可能な広告フォーマットが決まっています。

1 [キャンペーンを作成する]画面を表示する

左上にあるPinterestのロゴをクリックし、メニューで**広告**の**作成する**にある**キャンペーンを作成する**をクリックします。

1 Pinterestのロゴマークをクリック

2 **キャンペーンを作成する**を選択

2 [お支払い情報を設定する]をクリックする

自動キャンペーンの下に表示されている**お支払い情報を設定する**クリックし、支払い情報の登録画面を表示します。

キャンペーンを作成する

1 **お支払い情報を設定する**をクリック

3 ビジネス情報の登録画面を表示する

ビジネス情報を追加するをクリックし、**ビジネス情報を追加する**画面を表示します。

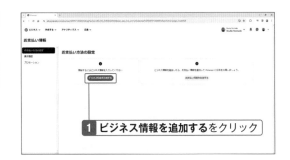

お支払い情報

1 **ビジネス情報を追加する**をクリック

4 ビジネス情報を登録する

Pinterestアド規約に同意するをオンにして、住所や連絡先など必要な情報を入力し、広告代理店かどうかの質問に答えて**保存**をクリックします。

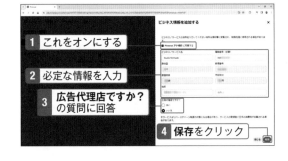

1 これをオンにする

2 必要な情報を入力

3 **広告代理店ですか？**の質問に回答

4 保存をクリック

5 お支払い情報の登録画面を表示する

お支払い情報を追加するをクリックし、**お支払い情報を追加する**画面を表示します。

1 お支払い情報を追加するをクリック

6 ビジネス情報をコピーする

ビジネス情報をコピーするをオンにして、ビジネス情報に登録した個人情報を自動入力します。不足している情報があれば入力します。

1 ビジネス情報をコピーするをオンにする

2 不足している情報を入力

7 クレジットカード情報を登録する

スクロールして下部を表示し、クレジットカード情報を入力して、**保存する**をクリックします。

1 スクロールして下部を表示

2 クレジットカード情報を入力

3 保存するをクリック

Pinterest に広告を配信しよう

自動キャンペーンで広告を作成する

1 自動キャンペーンの作成を開始する

自動キャンペーンをクリックし、**早速始める**をクリックします。

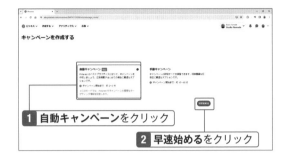

1 **自動キャンペーン**をクリック

2 **早速始める**をクリック

📝 **Note**

自動キャンペーンで広告を作成する

「**自動キャンペーン**」は、キャンペーン目標と予算、広告の対象となる年齢層、地域を指定するだけでかんたんに広告を作成できる機能です。指定した目標から最適な条件が自動的に適用され、広告作成の手順が省略されています。まずは、気軽に広告を作成してみましょう。

---

2 キャンペーン目標を選択する

最も効果的な広告の目的が提示されるので目的を選択し、**次へ**をクリックします。

1 **目的を選択**

2 **次へをクリック**

📝 **Note**

キャンペーン目標を選択する

自動キャンペーンの場合、キャンペーン目標はビジネス情報などから、手順2の図にPinterestが推奨するものが提示されます。キャンペーン目標は、一度設定すると後から変更できません。別のキャンペーン目標に変更したいときは、新たにキャンペーンを作成します。なお、キャンペーン目標に「もっと売上を伸ばしたい」を選択するには、過去1週間に購入コンバージョンが1回以上記録されている必要があります。そのためには、WebサイトまたはGoogleタグマネージャーへのイベントコード「checkout」の設置が必須となります。

3 既存のピン一覧を表示する

ピンを選択するをクリックし、既存のピン一覧を表示します。なお、ピンを新規作成する場合は、**ピンを作成する**をクリックします。

1 ピンを選択するをクリック

💡 Hint

既存のピンを利用して広告を作成する

広告は、既存のピンを利用して作成することができます。その場合は、手順3の図で**ピンを選択する**をクリックし、表示される画面で広告を作成するピンを指定します。なお、広告のピンを新規作成したいときは、手順3の図で**ピンを作成する**をクリックし、表示される画面の指示に従います（P.201）。

---

4 表示するボードを選択する

ボードを選択し、ボードの一覧を表示して、目的のボードをクリックします。

1 ボードをクリック

2 目的のボードをクリック

---

5 広告に利用するピンを選択する

広告として利用するピンを選択し、**●件のピンを追加する**をクリックします。

1 広告に利用するピンをクリックして選択

2 ●件のピンを追加するをクリック

⑥ ピンの情報を編集する

広告名やリンク先、説明文などを編集し、**次へ**クリックします。

1 広告名、リンク先、説明文などを編集

2 次へをクリック

⑦ 対象年齢を選択する

広告の対象年齢を選択し、**次へ**をクリックします。ここでは**制限なし　このキャンペーンはどの年齢のユーザーに表示しても問題ない。**を選択します。

1 対象年齢を選択

2 次へをクリック

⑧ 広告を表示する範囲を指定する

広告を表示するエリアを選択し、**次へ**をクリックします。ここでは、**日本のすべての地域**を選択します。

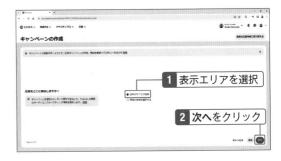

1 表示エリアを選択

2 次へをクリック

💡 Hint

広告の対象地域を郵便番号で指定する

　広告の対象地域を特定したいときは、手順8の図で**特定の地域を選択する**を選択し、表示される画面で**郵便番号**タブを選択して、**郵便番号を追加する**をクリックし、目的の郵便番号を入力して登録します。なお、郵便番号は、1つのアドグループに2500件まで登録できます。

9 [予算を入力する]を選択する

予算のオプションを選択します。ここでは、**予算を入力する**をクリックします。

1 予算を入力するをクリック

10 1日当たりの予算を設定する

1日当たりの予算を入力し、広告の表示期間を選択して、**次へ**をクリックします。

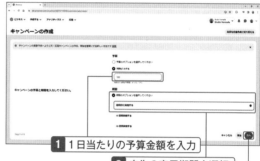

1 1日当たりの予算金額を入力

2 広告の表示期間を選択

3 次へをクリック

📄 Note

予算を設定する

広告の予算は、Pinterestが提示する広告のパフォーマンスを最適化するために算出された予算額とユーザー自身が設定した予算額を選択することができます。Pinterestの提示に従う場合は、**予算のオプションを選択してください**を選択し、提示された予算額を選択します。また、自分で予算額を指定する場合は、**予算を入力する**を選択し、金額を入力して広告表示の期間を指定します。

---

11 キャンペーン名の編集画面を表示する

キャンペーン名の**名前を編集**をクリックして、キャンペーン名の編集画面を表示します。

1 名前を編集をクリック

12 キャンペーン名を変更する

わかりやすいキャンペーン名を入力し、**変更を保存する**をクリックします。

13 広告を公開する

広告の設定を確認し、**公開する**をクリックします。

14 広告が表示される

広告が審査され、通過すると公開されます。

🔔 Hint

自動キャンペーンを編集するには

自動キャンペーンを編集するには、画面左上にあるPinterestのロゴマークをクリックし、表示されるメニューで**広告→インサイト**にある**レポート**をクリックして、レポート画面を表示します。下部に表示される表の**キャンペーン**タブを選択し、目的のキャンペーンの**キャンペーン名**に表示されている**編集する**をクリックします。キャンペーン目標と広告の画像は変更できませんが、その他の項目は**編集**のアイコンをクリックして編集します。

◀**キャンペーン**タブを選択し、自動キャンペーンで作成されたキャンペーンの**編集する**をクリックします

06-06

広告を手動キャンペーンで作成する

広告の目的やターゲットを細かく指定する方法

広告のキャンペーン目的やターゲットを細かく設定したいときは、手動キャンペーンを
利用して広告を作成しましょう。手動キャンペーンでは、キャンペーン目的やターゲッ
ト戦略を細かく指定することができ、ユーザーに合った広告を作成することができます。

キャンペーンを作成する

1 [キャンペーンを作成する]画面を表示する

左上にあるPinterestのロゴをクリックし、メニューで**広告**の**作成する**にある**キャンペーンを作成する**をクリックします。

1 Pinterestのロゴマークをクリック

2 [キャンペーンを作成する]を選択

2 手動キャンペーンを選択する

手動キャンペーンをクリックし、**早速始める**をクリックします。

キャンペーンを作成する

1 手動キャンペーンをクリック

2 早速始めるをクリック

3 キャンペーン目的を選択する

キャンペーンの目的を選択し、スクロールして下部を表示します。なお、ここではキャンペーンの目的に**ブランド認知度**を選択します。

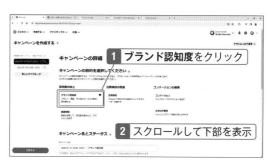

キャンペーンを作成する

1 ブランド認知度をクリック

2 スクロールして下部を表示

197

4 キャンペーンのステータスを選択する

キャンペーン名を入力し、**キャンペーンのステータス**に**アクティブ（推奨）**を選択します。

1 キャンペーン名を入力

2 アクティブ（推奨）を選択

5 キャンペーンの予算を設定する

キャンペーン予算の集計方法を選択し、集計方法に適切な予算額を入力して、スケジュールを設定し、**続行する**をクリックします。なお、ここでは集計方法に**日ごと**を選択し、予算に「**100**」を入力して、**指定した期間に実施する**を選択して広告の表示期間を指定します。

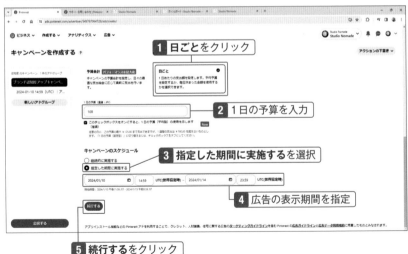

1 日ごとをクリック

2 1日の予算を入力

3 指定した期間に実施するを選択

4 広告の表示期間を指定

5 続行するをクリック

アドグループを作成する

1 ターゲティング戦略を選択する

アドグループ名を入力し、目的のターゲティング戦略の**選択する**をクリックします。ここでは、ターゲティング戦略に**新規顧客を見つける**の**選択する**をクリックします。

2 メニューを展開する

インタレストとキーワードの▽をクリックしてメニューを展開します。

3 インタレストとキーワードが有効になっているのを確認する

インタレストとキーワードを有効にすると拡張ターゲティングを有効にするがオンになっていることを確認します。

4 対象となるインタレストを指定する

ブランドや広告に関連するトピックをオンにします。

5 メニューを展開する

スクロールして下部を表示し、**属性**の ✓ をクリックしてメニューを展開します。

1 属性の ✓ をクリック

6 対象となる属性を指定する

対象となる**性別**、**年齢**、**地域**、**言語**、**デバイス**の項目を選択します。

2 対象となる性別、年齢、地域、言語、デバイスの項目を選択

7 入札額の最適化を設定する

左のメニューで**最適化と配信**をクリックしてこの画面を表示し、広告アクションに支払える入札額を指定します。なお、ここでは**自動（推奨）**を選択し、入札額を指定した限度額内で自動的に調整できるよう設定します。

1 最適化と配信をクリック

2 自動（推奨）をクリック

広告を新規作成する

1 広告の新規作成を選択する

下にスクロールし、**広告**で**広告を作成する**をクリックして、**ピンビルダー**画面を表示します。

1 広告を作成するをクリック

2 ピンの詳細を設定する

広告（ピン）の保存先となるボードを選択し、広告のタイトルを入力して、説明文を入力します。左のボックスをクリックして、画像の選択画面を表示します。

1 ボードを選択
2 タイトルを入力
ピンビルダー
3 説明文を入力
4 ボックスをクリック

📋 **Note**

動画アドを作成する

手順3の画像の選択画面で、1本の動画のみを選択すると、動画アドを作成することができます。その際、縦横比が横長の動画を選択すると、ワイド動画アドを作成できます。動画をじっくり見てもらい、商品をアピールしたいときは動画アドを作成するとよいでしょう。

---

3 広告に表示させる画像を選択する

画像の保存先を開き、広告に表示する画像をすべて選択し、**開く**をクリックします。なお、広告に掲載できる画像は5枚までです。

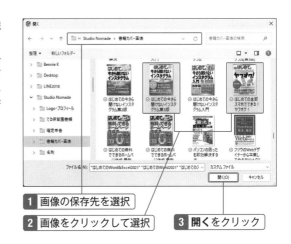

1 画像の保存先を選択
2 画像をクリックして選択
3 開くをクリック

4 作成する広告の種類を指定する

広告の種類を選択し、**ピンを作成する**をクリックします。ここでは、**カルーセルを作成する**を選択します。

ピンを選択する

カルーセルを作成する　コラージュを作成する

1 **カルーセルを作成する**をクリック

2 **ピンを作成する**をクリック

💡 Hint

広告の種類を指定する

この手順に従って、広告に表示させる画像または動画を指定すると、その画像の種類と数から自動的に作成可能な広告の種類が選定されユーザーに提示されます。例えば、広告に表示させる画像に動画を1つ指定すると動画アドが、複数の画像と動画を選択するとカルーセルアドとコラージュアドが提示されます。

5 画像の並べ替え画面を表示する

画像上のツールバーに表示されている**画像を並べ替える** 🖾 をクリックして、**画像を整理する**画面を表示します。

ピンビルダー

1 **画像を並べ替える**をクリック

6 画像の順番を並べ替える

画像を目的の位置までドラッグして表示順を入れ替え、**完了**をクリックします。

ピンビルダー

画像を整理する

1 **画像を目的の位置までドラッグ**

2 **完了**をクリック

7 広告の作成を終了する

ピンのリンク先にリンク先となるWebサイトのURLを入力し、各画像に同じテキストとURLを使用するをオンにして、公開するをクリックします。

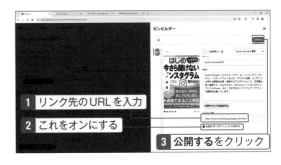

1 リンク先のURLを入力

2 これをオンにする

3 公開するをクリック

8 広告を公開する

公開するをクリックします。

1 公開するをクリック

9 広告のレポートが表示された

広告のレポート画面が表示されます。広告は審査された後、配信が開始されます。

06 Pinterest に広告を配信しよう

📝 **Note**

画像を編集する

画像にテキストやロゴ画像を挿入したり、向きやサイズ、配置を修正したりしたいときは、手順5の図で画像の上に表示されているツールバーにある [ピンを編集する] 🖊 をクリックし、表示される画面を利用します。右上のツールバーに表示されているアイコンをクリックして画面を切り替え、目的の編集作業を進めます。なお、ツールバーの構成は次の通りです。
① [トリミングする] 🔲：アスペクト比 (縦横比) の変更、画像の回転、反転、コラージュの配置と画像サイズの調整、画像の変更、画像の削除が行えます
② [ロゴ] ⭐：ロゴ画像の挿入、配置、サイズの変更、余白の調整、背景色の変更が行えます
③ [テキストオーバーレイ] 🅰：テキストを挿入し、フォントの種類、サイズ、文字色、行揃え、余白、背景色を調整することができます。

203

コラージュアドを作成する

　コラージュアドは、5枚までの画像を組み合わせて1つの画像として表示させられる広告フォーマットです。代表商品を1つの画像にまとめてアピールしたり、メーカーやブランドイメージを宣伝したりする場合に効果が見込まれます。

▲広告に表示する画像を複数設定するとこの画面が表示されるので（P.201参照）、**コラージュを作成する**をクリックし、**ピンを作成する**をクリックします。

▲**アスペクト比**で**2:3**を選択し、目的の画像をクリックして、表示されるハンドルをドラッグするとサイズを変更できます。

▲目的の画像をダブルクリックすると表示する位置を調整できるようになるので、適切な表示になるまで画像をドラッグして**変更を保存する**をクリックします。

コレクションアドを作成する

コレクションアドを使いこなす

コレクションアドは、［ホームフィード］で1枚のメイン画像と3枚のサブ画像で表示される広告フォーマットです。コレクションアドを開くと、1枚のメイン画像の下に商品写真が2列のカタログ形式で表示され、上に向かってスワイプすることで表示することができます。

コレクションアドとは

　コレクションアドは、1枚のメイン画像と最大24枚のサブ画像で構成される商品カタログのような広告フォーマットで、スマホ上で表示されます。コレクションアド上に表示されている商品をタップすると、その商品のWebページが表示され、そこから商品を購入したり、予約したりすることができます。ユーザーに1度に多くの商品をアピールすることができ、ブランドの知名度を上げたり、商品の売り上げアップなどの効果が見込まれます。

▲［ホームフィード］では、1枚のメイン画像に3枚のサブ画像の組み合わせで表示されています

▲コレクションアドを開くと、メイン画像の下に2列のカタログ形式で商品写真が表示されます

▲カタログを上方向にスワイプすると、最大24枚までの商品写真が表示されます

1 画像の選択画面を表示する

6章Sec06の手順で、広告を作成し［ピンビルダー］を表示しています。画像を表示するボックスをクリックします。

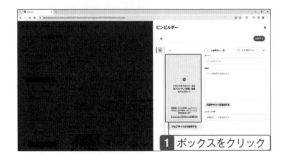

1 ボックスをクリック

2 メイン画像を選択する

画像の保存先を開き、メインの画像を1枚選択し、**開く**をクリックします。

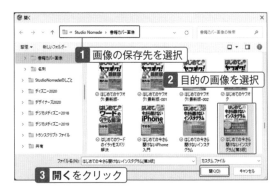

1 画像の保存先を選択

2 目的の画像を選択

3 開くをクリック

3 ［商品をタグ付けする］アイコンをクリックする

画像に表示されているツールバーで**商品をタグ付けする**をクリックします。

1 ツールバーの商品をタグ付けする を クリック

4 商品を追加する

画像の右に表示されている+をクリックします。

1 **+をクリック**

5 商品の対象となるピンを表示する

自分のピンタブを選択し、プルダウンメニューをクリックし、**プロダクトピン**または**すべてのピン**を選択します。ここでは**すべてのピン**を選択します。

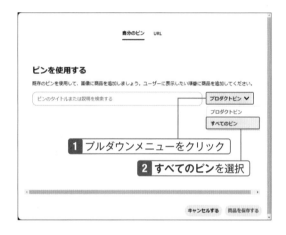

1 **プルダウンメニューをクリック**

2 **すべてのピンを選択**

💡 Hint

Webサイトの商品写真を商品として追加する

コレクションアドにWebサイトの商品写真を追加するには、手順5の図で**URL**タブを選択し、商品写真が掲載されているWebページのURLを入力し、**>**をクリックします。Webサイトに掲載されている画像が一覧で表示されるので、目的の画像をクリックするとピンが作成されコレクションアドに追加されます。この操作を繰り返して、コレクションアドに最大24枚までの写真を追加することができます。

▲ **URL**タブを選択し、商品が掲載されているWebページのURLを入力して、**>**をクリックします。

6 目的の商品を選択する

目的の商品のピンをすべて選択し、**商品を保存する**をクリックします。

1 目的の商品のピンを選択

2 商品を保存するをクリック

7 ピンの編集を終了する

完了をクリックし、ピンの編集を終了します。

1 完了をクリック

8 広告を公開する

ピンの保存先やタイトル、説明文、リンク先を設定し、**公開する**をクリックします。

1 ピンの保存先、タイトル、説明文、リンク先を設定

2 公開するをクリック

06-08

広告を編集する

広告は臨機応変に編集や変更が可能

広告は、編集して表示期間や予算額、ピンの内容などを変更することができます。また、広告だけでなく、キャンペーンやアドグループ単位の内容を編集することもできます。広告の状況に合わせて、表示期間を延ばしたり、タイトルを編集したりしてみましょう。

自動キャンペーンの広告を編集する

1 **[キャンペーンを作成する] 画面を表示する**

左上にあるPinterestのロゴをクリックし、メニューで**広告**の**インサイト**にある**レポート**をクリックします。

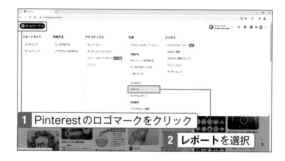

1 Pinterestのロゴマークをクリック

2 レポートを選択

2 **キャンペーンの編集画面を表示する**

キャンペーンタグを選択し、自動キャンペーンのキャンペーンを左のチェックボックスをオンにして選択して、**編集**をクリックします。

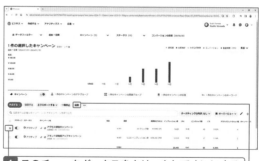

1 このチェックボックスをクリックしてオンにする

2 編集をクリック

📋 Note

自動キャンペーンの広告を編集する

　自動キャンペーンでは、自動的に設定される項目があるため、手動キャンペーンで作成された広告とは編集画面の内容が異なり、変更できる内容もある程度制限されています。自動キャンペーンの編集画面では、ターゲティングの条件は年齢層と地域のみ変更できます。

Pinterestに広告を配信しよう

06

3 ピンの編集画面を表示する

キャンペーンの編集画面が表示されるので、**選択したピンを編集**をクリックして、ピンの編集画面を表示します。

1 選択したピンを編集をクリック

4 広告の情報を編集する

広告の情報（ここではタイトル）を編集し、左下の**概要に戻る**をクリックして、**キャンペーンの編集**画面に戻ります。

1 広告の情報を編集

2 概要に戻るをクリック

⚠ Check

キャンペーン目的は変更できない

　自動キャンペーン、手動キャンペーン共に、キャンペーン目的は変更できません。目的が異なる広告を配信する場合は、新しい目的が設定されたキャンペーンとアドグループ、広告を新規作成する必要があります。

---

5 予算／期間の編集画面を表示する

スクロールして下部を表示し、**キャンペーンの予算と期間**の**予算／期間を編集**をクリックします。

1 予算／期間を編集をクリック

⑥ 予算や期間を編集する

予算額や表示期間（ここでは表示期間）を編集し、左下の**概要に戻る**をクリックします。

1 予算や表示期間を編集

2 概要に戻るをクリック

⑦ 変更を保存する

保存をクリックすると、変更した情報が保存され、広告に反映されます。

1 保存をクリック

📋 Note

広告の変更履歴を確認する

広告の変更履歴を確認するには、レポート画面で［広告］タブを選択して、目的の広告の左端にあるチェックボックスをクリックしてオンにし、表の上部に表示される3つの点のアイコンをクリックして［履歴を見る］を選択します。

手動キャンペーンの広告を編集する

① キャンペーンの編集画面を表示する

キャンペーンタグを選択し、手動キャンペーンの左にあるチェックボックスをクリックして選択し、**編集**をクリックします。

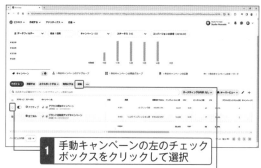

1 手動キャンペーンの左のチェックボックスをクリックして選択

2 編集をクリック

06

Pinterestに広告を配信しよう

2 予算や期間を編集する

予算額や表示期間を編集し、**続行する**をクリックします。

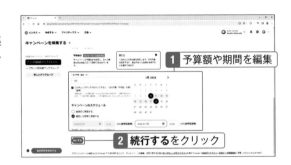

1 予算額や期間を編集

2 続行するをクリック

3 [インタレストとキーワード]のメニューを展開する

左のメニューで**ターゲティング**をクリックし、**インタレストとキーワード**の☑をクリックし、メニューを展開します。

2 インタレストとキーワードの☑をクリック

4 広告の対象を編集する

広告の対象（ここでは**カメラとアクセサリー**を追加しました）を変更し、左のメニューで**広告**をクリックします。

1 ターゲットの条件を編集

2 広告をクリック

5 広告の情報を編集する

広告の情報（ここではタイトル）を編集し、**編集内容を保存する**をクリックして、変更した情報を広告に適用します。

1 広告の情報を編集

2 編集内容を保存するをクリック

変更内容が広告に適用されます

広告を停止する

広告キャンペーンはいつもで停止可能

広告は、キャンペーン単位、アドグループ単位、広告単位で停止することができます。広告の状況を確認して、適切なタイミングで広告を停止しましょう。広告の停止は、レポートから広告の編集画面を表示し、ステータスで［停止中］を選択します。

広告の配信を停止する

1 ［キャンペーンを作成する］画面を表示する

左上にあるPinterestのロゴをクリックし、メニューで**広告のインサイト**にある**レポート**をクリックします。

1 Pinterestのロゴマークをクリック

2 レポートを選択

2 広告を停止する

広告タブをクリックして広告のリストを表示し、目的の広告の**アクティブ**にあるスイッチをクリックしてオフにします。

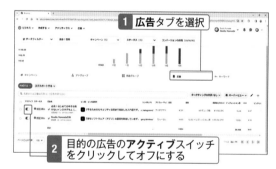

1 広告タブを選択

2 目的の広告のアクティブスイッチをクリックしてオフにする

📖 Note

広告の配信を停止する

　この手順に従って広告の配信を停止すると、広告が停止されるまでに最大48時間かかる場合があります。広告が停止されるまでに請求対象となるアクションがあった場合には、追加で請求が発生するので注意が必要です。

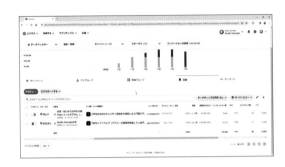

③ 広告が停止された

目的の広告の配信が停止されます。

キャンペーンを停止する

① キャンペーンを停止する

レポート画面で**キャンペーンタグ**を選択してキャンペーンのリストを表示し、目的のキャンペーンの**アクティブ**にあるスイッチをクリックしてオフにします。

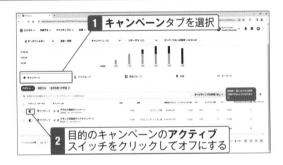

1 キャンペーンタブを選択

2 目的のキャンペーンのアクティブ スイッチをクリックしてオフにする

② キャンペーンが停止された

目的のキャンペーンが停止されました。キャンペーンに含まれるすべてのアドグループと広告の配信が停止されます。

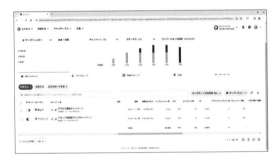

📋 **Note**

キャンペーンやアドグループを停止する

キャンペーンを廃止すると、キャンペーンに含まれるアドグループと広告はすべて配信停止となります。また、アドグループを停止すると、アドグループに含まれる広告がすべて配信停止になるため注意が必要です。

データを分析して
Pinterestを使いこなそう

Pinterestには、Pinterestアドのデータを収集し、解析することができる「Pinterestアナリティクス」という機能が用意されています。Pinterestアナリティクスでは、訪問者による広告やリンクのクリックをはじめ、商品の購入や会員登録などのコンバージョンも計測でき、高度な分析も行えます。Pinterestアナリティクスを活用して、ユーザーの傾向を確認し、今後の広告の運用に活かしましょう。

SECTION

07-01

ビジネスアカウントの
データ分析ツールを知っておこう

分析ができるのはビジネスアカウントのみ

ビジネスアカウントには、広告やピンのクリック率といったデータを確認、分析できるレポートが用意されています。また、データの傾向をわかりやすく表示するPinterestアナリティクスも用意されています。これらの機能を活用して効率よくPinterestを運用しましょう。

広告のレポートを確認しよう

　画面左上のロゴをクリックすると表示されるメニューの**広告**メニューには、キャンペーンやアドグループ、広告単位で、支出やピンクリック数などのパフォーマンスを分析できるレポートが用意されています。レポートでは、インプレッション数とピンクリック数をグラフで比較したり、広告のフォーマットごとにデータを確認したりすることができます。また、訪問者を性別、年齢別などの項目に絞り込んで傾向や特徴を確認することもできます。広告のレポートを活用して、広告のパフォーマンスやユーザーの特徴を分析してみましょう。

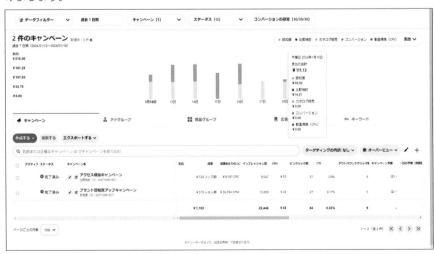

Pinterestアナリティクスを活用しよう

　Pinterestには、広告のパフォーマンスやユーザーの傾向を分析し、効率よく運用するための機能「Pinterestアナリティクス」が用意されています。Pinterestアナリティクスには、**オーバービュー**、**オーディエンスインサイト**、**コンバージョンインサイト**、**トレンド**の4つのレポート通いされていて、それぞれ異なる角度からデータを分析することができます。Pinterestアナリティクスを活用して、適切に広告を運用しましょう。

●オーバービュー

　ピンクリック数やインプレッション数、支出額などから、広告のパフォーマンスを分析します。

●オーディエンスインサイト

　ピンへの訪問者の性別や年齢層、嗜好など別にグラフを表示し、ユーザーの傾向や特徴を分析できます。

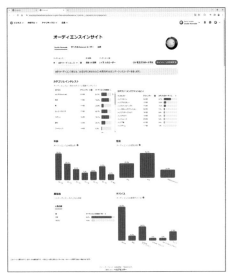

●コンバージョンインサイト

訪問者がピンをクリックして表示してから、コンバージョンに設定した操作（ページ訪問、カートに追加、商品購入など）に至るまでの経緯を追跡したり、コンバージョンに関わる指標をグラフなどで分析したりできます。

●トレンド

アメリカやヨーロッパで流行っているモノを紹介して、今後流行するモノや今すぐ導入した方がいいモノなどを分析します。

ピンへのアクション

- **エンゲージメント数**：ピンの合計エンゲージメント数のことで、ピンに対するアクションの総量を確認できます。エンゲージメント数には、保存数、ピンクリック数、アウトバウンドクリック数、カルーセルカードのスワイプ数、サブ素材（コレクション）クリック数が含まれます。

- **エンゲージメント率**：ピンの合計エンゲージメント数を、ピンの合計表示回数で割った値で、ピンに対してアクションを起こす確率を確認できます。

- **インプレッション数**：あなたのピンまたは広告が、[ホームフィード]や検索結果など、画面に表示された回数です。

- **保存数**：あなたのピンが他のユーザーのボードに保存された回数です。保存数が高い程、ピンへの期待値、重要度が高いことを示します。

- **保存率**：あなたのピンの合計保存数を、ピンの合計表示回数で割った値です。ピンの好感度や期待値、汎用性などの目安になります。

- **ピンクリック数**：あなたのピンまたは広告をクリックして拡大表示した合計回数。ピンクリック数と保存数が近い程、内容の充実度が高いことを示します。2つの数値がかけ離れている場合は、説明文やコンテンツの内容を見直してみましょう。

- **ピンクリック率**：ユーザーがあなたのピンまたは広告をクリックして、Pinterest 上または別サイトのコンテンツにアクセスした合計回数を、あなたのピンまたは広告の合計表示回数で割った値。この数値が高い程、人気が高く、ピンが目に留まりやすいことを示します。

- **アウトバウンドクリック数**：ピンまたは広告を操作してPinterest 以外のWebサイトにアクセスした合計回数。この数値が高い程、ニーズが高く、情報としての質が高いことを示します。

- **アウトバウンドクリック率**：ピンでWebサイトへのリンクをクリックした合計回数を、ピンの合計表示回数で割った値。数値が高い程、この数値が高い程、ニーズが高く、情報としての質が高いことを示します。

プロフィールへのアクション

・**プロフィール訪問数**：ユーザーがピンを閲覧した後であなたのプロフィールにアクセスした回数。

・**フォロー数**：ユーザーがあなたのピンを1件閲覧した後で、あなたをフォローした回数。

動画アドへのアクション

・**動画視聴**：動画を50%以上画面に表示した状態で、2秒以上視聴された回数。他の動画アドの指標と比較、分析して、動画アドの効果を確認できます。

・**平均動画再生時間**：他のユーザーがあなたのピンに含まれる動画カードと静止画カードの再生に費やした時間の平均値です。

・**10秒間の動画再生回数**：動画が全体の10秒以上視聴された回数。

・**95%以上の動画再生回数**：動画が全体の95%視聴された回数。

・**合計再生時間（分）**：動画の合計再生時間（分）。

オーディエンス数

・**合計オーディエンス数**：あなたのピンを閲覧、またはエンゲージメントしたユーザーの合計人数。

・**エンゲージしたオーディエンス数**：あなたのピンでエンゲージメントしたユーザーの人数。

・**月間合計オーディエンス数**：30日間であなたのピンを閲覧、またはエンゲージしたユーザーの人数。

・**エンゲージした月間オーディエンス数**：30日間であなたのピンでエンゲージしたユーザーの人数。

・**1か月あたりの表示回数**：過去30日間にあなたの公開したピン、およびあなたの認証済みドメインまたはアカウントから保存したピンが画面に表示された合計回数。

広告のレポートを確認しよう

広告レポートで傾向が絞り込める

Pinterestアドには、レポート機能が用意されています。Pinterestアドのレポートでは、キャンペーン、アドグループ、広告、それぞれの単位でレポートを表示でき、キャンペーン目的や地域、年齢などにデータを絞り込んで傾向を確認することもできます。

広告のレポート画面を利用しよう

　画面左上のロゴをクリックすると表示されるメニューで、**広告-インサイト**にある**レポート**には、運用中の広告の状況を確認できるレポートが用意されています。キャンペーン、アドグループ、広告単位で、支出やエンゲージメント数、ピンクリック数などの数値と推移をグラフで表示させることができます。広告の商品やフォーマットごとの傾向を割り出して、効果的な広告運用に活用しましょう。

07

データを分析してPinterestを使いこなそう

📋 **Note**

[アカウントのオーバービュー] レポート

　メニューの広告で、**アカウントのオーバービュー**を選択すると**アカウントのオーバービュー**レポートが表示されます。**アカウントのオーバービュー**レポートでは、アカウント単位で**支出**、**インプレッション数**、**ピンクリック数**、**CPM**、**CPC**の値を確認することができます。

ピンタレストタグを生成する

1 [レポート] 画面を表示する

左上にあるPinterestのロゴをクリックし、メニューで**広告**の**インサイト**にある**レポート**をクリックします。

1 Pinterestのロゴマークをクリック

2 レポートを選択

Hint

重要な指標を知っておこう

　Pinterestにおいては、訪問ユーザーによるピンに対するアクションがとても重要になります。**レポート**では、ピンが開かれた回数を示す「ピンクリック数」、ピンに掲載されたリンクから外部ページが開かれた回数の「アウトバウンドクリック数」に注目します。「ピンクリック」のみしたユーザーよりも、「アウトバウンドクリック」したユーザーの方がピンに対する興味の度合いが強いと言えます。

2 特定のキャンペーンのデータを表示する

レポートが表示されます。**キャンペーン**をクリックし、目的のキャンペーンのみをオンにします。

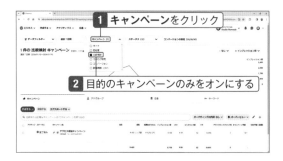

1 キャンペーンをクリック

2 目的のキャンペーンのみをオンにする

3 インプレッション数のデータを表示する

右の指標のプルダウンメニューをクリックし、**インプレッション数**を選択します。

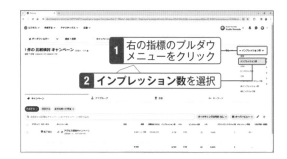

1 右の指標のプルダウンメニューをクリック

2 インプレッション数を選択

4 ピンクリック数のデータを表示する

左の指標のプルダウンメニューをクリックし、**ピンクリック数**を選択して、インプレッション数に対するピンクリック数の比較を表示します。

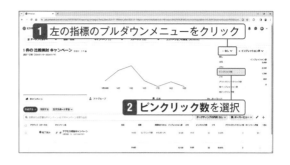

5 データを比較、分析する

キャンペーンのインプレッション数とピンクリック数のグラフが表示されます。2つの指標を比較し傾向を割り出してみましょう。

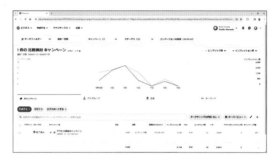

📋 **Note**

カスタムレポートを作成しよう

　広告メニューには、自分でフィルターやターゲティングの内容を設定して作成できる「カスタムレポート」が用意されています。カスタムレポートでは、キャンペーンの種類やコンバージョンの設定といったフィルターを設定し、分析対象のユーザーを項目で絞り込んでレポートを作成します。作成されたレポートは、CSV形式で保存することができますが、データは英語で表記されます。

1 特定のピンを開く

プロフィールのアイコンをクリックしてプロフィール画面を表示し、**作成コンテンツ**タブを選択して、目的のピンをクリックします。

ピンの個別統計データを確認する

特定のピンについての統計データを確認したいときは、この手順に従って目的のピンを開き、[ピンの統計データ]画面を表示します。[ピンの統計データ]画面には、[インプレッション数]、[ピンクリック数]、[保存数]、[アウトバウンドクリック数]が表示され、項目や期間で絞り込むことができます。

2 統計データを確認する

ピンの上部に表示される統計データを確認します。**詳しい統計を見る**をクリックし、詳細データの画面を表示します。

3 統計データの詳細を確認する

ピンクリック数、保存数、アウトバウンドクリック数など、エンゲージメントの内容を確認しましょう。

07-03

オーバービューを活用しよう

過去のデータを分析に役立てるには

Pinterestアナリティクスの［オーバービュー］では、過去30日間の総合パフォーマンスやパフォーマンスの推移、トップボード、トップピンなどを表示できるデータ分析画面です。ユーザーの傾向や特徴を確認して、広告の効率的な運用に活用しましょう。

オーバービューで広告のパフォーマンスを確認しよう

オーバービューレポートは、「概要」や「要約」という意味で、広告のパフォーマンスの概要を確認できるレポートです。パフォーマンスの推移をグラフで表示したり、トップピン、トップボードなどのランキングを確認したりすることができます。また、デバイス別や性別、年齢別など対象ユーザーの詳細なデータを比較、分析することもできます。**オーバービュー**レポートを活用して、広告のパフォーマンスやユーザーを分析し、その傾向と特徴を確認しましょう。

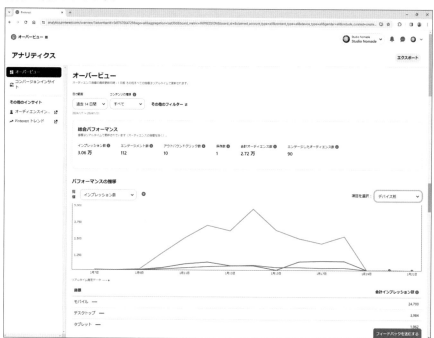

07

データを分析してPinterestを使いこなそう

1 [オーバービュー]画面
を表示する

左上にあるPinterestのロ
ゴをクリックし、メニュー
で**アナリティクス**の**オー
バービュー**を選択して
オーバービューレポート
を表示します。

2 データの期間を選択す
る

オーバービューレポート
が表示されます。**日付範囲**
で目的の期間を選択しま
す。

3 エンゲージメント数の
データを表示する

パフォーマンスの推移に
ある**指標**のプルダウンメ
ニューで目的の指標を選
択します。ここでは**エン
ゲージメント数**を選択し
ます。

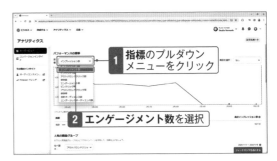

4 デバイス別エンゲージ
メント数のデータを表
示する

項目を選択のプルダウン
メニューをクリックし、目
的の項目を選択します。こ
こでは、**デバイス別**を選択
します。

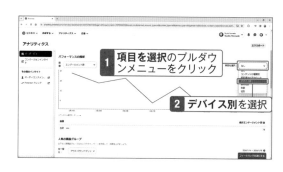

5 1週間のデバイス別エン
ゲージメント数のデー
タを確認する

7日間のデバイス別エン
ゲージメント数のグラフが
表示されます。

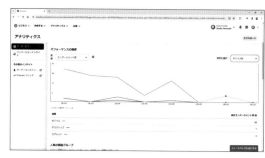

6 コンテンツの種類別の
エンゲージメント数を
確認する

他の項目に切り替えて、
データの傾向と特徴を確認
しましょう。

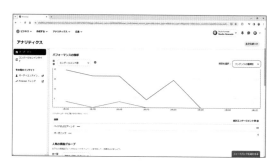

⚠ Check

［オーバービュー］レポートで重要な指標

　Pinterestは、広告を保存できる珍しいメディアです。広
告は、広告として明示されていますが、アイデアのひとつ、
情報のひとつとして受け止められる傾向があります。［オー
バービュー］レポートで注目したいデータは「保存数」です。
保存された広告は、再度表示される可能性が高く、購入や
ユーザー登録といったコンバージョン操作に結び付く可能
性があります。

ピンのランキングを確認しよう

1 [トップピン]のリスト
を表示する

スクロールして**トップピ
ン**のリストを表示します。
並べ替えで目的の指標を
選択し、ランキングを確認
します。ここでは、**エン
ゲージメント数**を選択し
ます。

2 リストをピンクリック数
で並べ替える

並べ替えの指標を**ピンク
リック数**に切り替えて、ラ
ンキングを確認します。

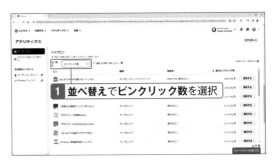

⚠ Check

ビジネスハブでもデータを確認できる

ビジネスハブは、**ビジネス**メニューをクリックし、**ビジネスハブ**を選択すると表示される、広告の重要
なデータをまとめた概要レポートです。**ビジネスハブ**では、30日間の広告のパフォーマンスを確認でき、
気になるデータはリンクをクリックし**オーバービュー**レポートで確認できます。また、Pinterestの広告営
業担当者とのミーティングを設定したり、教育コースにアクセスしたりすることができ、広告を効率よく
運用できるように工夫されています。

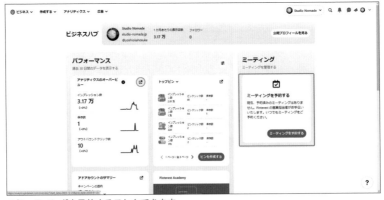

▲ミーティングを予約することもできます

07-04

オーディエンスインサイトを活用しよう

Pinterestにもアナリティクス機能がある

Pinterestアナリティクスの［オーディエンスインサイト］レポートは、あなたのピンを閲覧したユーザーの傾向や特徴を確認できるレポートです。性別や年齢ごとの分析はもちろん、興味やカテゴリ、アクセス元の地域などの項目での傾向を示すことができます。

ユーザーの傾向や特徴を確認しよう

　年齢別や性別でユーザーの傾向を知りたいときは、Pinterestアナリティクスの**オーディエンスインサイト**レポートを利用しましょう。**オーディエンスインサイト**レポートでは、あなたのピンを訪れたユーザーを年齢や性別、アクセスデバイスなどごとにデータとグラフを表示できます。また、Pinterest全体のオーディエンスデータとあなたのピンのデータを比較し、ユーザーの傾向や特徴を確認することもできます。**オーディエンスインサイト**レポートでユーザーの特徴を確認し、ユーザーに合った広告を運用しましょう。

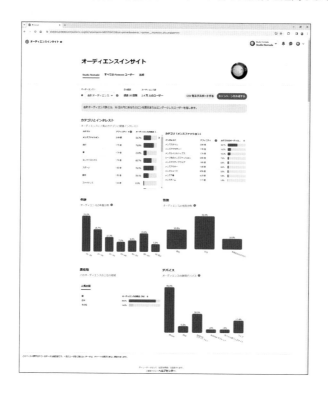

07

データを分析してPinterestを使いこなそう

訪問ユーザーの傾向と特徴を分析する

1 [オーディエンスインサイト]画面を表示する

左上にあるPinterestのロゴをクリックし、メニューで**アナリティクス**の**オーディエンスインサイト**を選択して**オーディエンスインサイト**レポートを表示します。

1 Pinterestのロゴマークをクリック

2 オーバービューを選択

📋 **Note**

訪問ユーザーの傾向を知っておこう

Pinterestのメインユーザーは、Z世代（18〜24歳くらいまでの世代）とミレニアル世代（25〜40歳くらいの世代）で、Z世代が18%、ミレニアル世代が38.9%を占めています。また、ユーザーの76.2%が女性ユーザーということも、Pinterestの大きな特徴です。この傾向を踏まえてピンに訪問するユーザーの特徴を確認し、エンゲージメント数やピンクリック数を向上させる工夫をしましょう。

---

2 指標を選択する

オーディエンスインサイトレポートが表示されます。**オーディエンス1**で**合計オーディエンス数**または**エンゲージしたオーディエンス数**のいずれかを選択します。**カテゴリとインタレスト**で、ユーザーの興味や人気のカテゴリを確認します。

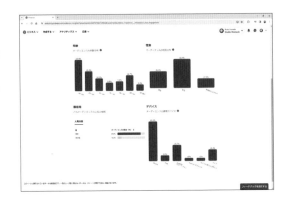

1 合計オーディエンス数を選択

---

3 グラフでユーザーの傾向と特徴を確認する

年齢、**性別**、**居住地**、**デバイス**の各グラフでユーザーの傾向と特徴を確認します。

Pinterest全体とピンのデータを比較する

1 [比較]タブを選択する

オーディエンスインサイト
レポートの最上部で**比較**タブを選択すると、Pinterest全体のデータとあなたの表示したユーザーのデータの比較が表示されます。興味とカテゴリ別にデータを比較してみましょう。

1 比較をクリック

2 Pinterest全体の年齢・性別データと比較する

年齢と**性別**のグラフで、Pinterest全体とピンのユーザーのデータを比較し、特徴を確認しましょう。

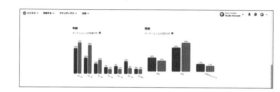

3 Pinterest全体のデバイス別データと比較する

デバイスのグラフで、デスクトップやiPhoneなど、アクセス元となるデバイスごとのデータをPinterest全体とピンのユーザーで比較し、傾向と特徴を確認しましょう。

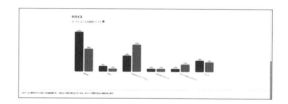

Hint

モバイルでデータを確認する

スマートフォンやタブレットでデータを確認したいときは、プロフィール画面にある**クリエイターハブ**を利用します。**クリエイターハブ**は、PCの**ビジネスハブ**と同じような機能が用意されていて、広告に関する主なデータをひと目で確認することができます。また、**クリエイターハブ**から個別のピンの統計データやPinterestアナリティクスを表示できるリンクも用意されていて、必要なデータをすばやく表示することができます。

07-05

世界のトレンドを確認しよう

トレンド分析にも役立つPinterestアナリティクス

Pinterestアナリティクスには、アメリカをはじめヨーロッパやオセアニアでのトレンドを確認できる［Pinterestトレンド］レポートが用意されています。世界のトレンドを確認して、自分の広告やピンにその傾向や特徴を反映させてみましょう。

世界のトレンドを確認する意味

［Pinterestトレンド］レポートでは、アメリカやヨーロッパ、オーストラリアなど各国のトレンドを確認することができます。国や地域によってトレンドの傾向が異なります。また、性別や年齢別に絞り込んでも別の特徴が浮き上がってきます。気になるキーワードの各国での傾向や特徴を調べてみても楽しいかもしれません。なお、トレンド分析の対象地域に日本を含むアジアは入っていません。

世界のトレンドを確認するには

1 [Pinterestトレンド]画面を表示する

左上にあるPinterestのロゴをクリックし、メニューで**アナリティクス**の**トレンド**を選択して**Pinterestトレンド**レポートを表示します。

1 Pinterestのロゴマークをクリック

2 トレンドを選択

2 国・地域を選択する

右上に表示されているプルダウンメニューをクリックし、気になる国、地域を選択します。ここでは、**英国とアイルランド (GB、IE)** を選択します。

1 プルダウンメニューをクリック

2 目的の地域・国を選択

3 フィルターでデータを絞り込む

左の**フィルター**で目的の項目を選択し、データを絞り込みます。目的のキーワードをクリック

1 フィルターの項目を選択

2 目的のキーワードをクリック

📋 **Note**

[コンバージョンインサイト] レポートを試してみよう

Pinterestアナリティクスには、購入や会員登録など、登録されたコンバージョン (目標) に関するデータを確認できる**コンバージョンインサイト**レポートが用意されています。**コンバージョンインサイト**レポートでは、コンバージョン (目標) 達成に至るまでの経路やコンバージョン率 (目標達成率) などのデータから広告の効果を分析することができます。なお、**コンバージョンインサイト**レポートを利用するには、商品カタログの登録を登録し、オンラインストアにコードをインストールする必要があります。また、2024年1月現在、**コンバージョンインサイト**レポートはベータ版で、機能などが変更される可能性があります。

4 キーワードの傾向を確認する

選択した国・地域での目的のキーワードについての推移や傾向が確認できます。

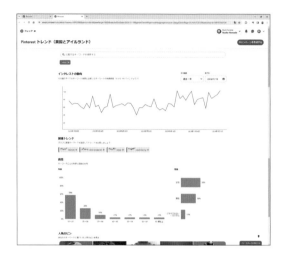

📓 **Note**

未来のトレンドを先取りしよう

　Pinterest **トレンド**レポートには、未来のトレンドを予測した**Pinterest Predicts**が用意されています。これから先に流行りそうな商品やキーワードがピン形式で表示され、ピンを開くと簡単な解説と関連キーワードが表示されます。未来のトレンドを確認して、広告の運営や商品の企画の参考にしてみましょう。**Pinterest Predicts**を表示するには、**Pinterest トレンド**レポートの最下部にある**Pinterest Predicts**のコラムに表示されている**アクセス**をクリックし、表示される画面で**トレンドを見る**をクリックします。

・[Pinterest Predicts]

Pinterestが
注目されている理由

Pinterestは、世界の月間アクティブユーザー数が4億8千万人以上と巨大なマーケットです。しかし、Facebookの場合は29億人、Instagramは14億人と、突出してアクティブユーザー数が多いわけではありません。SNSでは次世代アプリの出現が待たれる中、Pinterestは大きくユーザー数を伸ばし、各業界から注目を集めています。それは、Pinterestが目標に向かってインスピレーションを得るためのツールだからです。

Pinterest広告が人気の理由

なぜピンタレストは世界で人気なのか？

Pinterestの場合、月間アクティブユーザー数は4億8千万人以上で、日本のユーザー数は870万人以上で、主なSNSと比べて突出してユーザー数が多いわけではありません。それでもPinterest広告は、強いといわれています。このSectionでは、Pinterest広告の強さの理由を解説します。

広告としての主張が薄くクリックしやすい

ホームフィードでは、多くのユーザーが投稿したピンに交じってピン形式の広告が表示されています。広告ピンの下に**広告**と広告主の企業名が記載されている以外は、大きさも形も他のピンと同じです。また、多くの場合、広告の画像または動画にはシンプルなものが多く、テキストも最小限で、センス良く商品を見せることでユーザーの興味を引いています。広告としての主張を弱くすることで、広告へのアレルギー反応を抑えることができ、そのことがかえって広告のクリック率を向上させています。

▲広告の主張が強すぎると広告アレルギーを引き起こしかねません

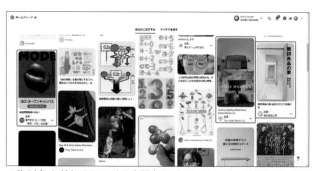

▲他のピンに紛れてスマートに主張することで、クリックへのハードルを下げています

広告を保存できる

　Pinterestでは、多くの場合、他のピンと同様に広告をボードに保存することができます。広告を保存できることは、広告を見返すことにつながり、商品購入や会員登録などのコンバージョンに至る確率を高くします。また、保存されたピンは、さらに別のユーザーが保存する可能性も秘めており、広く拡散されることもあるでしょう。広告の保存は、SNSや他のメディアには見かけない機能で、Pinterestの大きなアドバンテージといえる機能でしょう。

▲マウスポインタを合わせると［保存］が表示される広告は保存できる

広告フォーマットが豊富に用意されている

　Pinterestアドには、「画像」、「動画」、「ワイド動画」、「カルーセル」、「コレクション」、「ショッピング」、「アイデア」、「ショーケース」、「クイズ（日本では未展開）」の9種類のフォーマットが用意されています。商品やサービスに適したフォーマットを選んで、効果的にアピールすることができます。効果が大きいのは、静止画が多い中で目を引く「動画アド」と、広告を開かなくても複数の商品を確認できる「カルーセルアド」です。

・カルーセルアド　　　　・コレクションアド　　　　・ショーケースアド

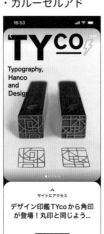  

広告が古くならない

　Pinterestを使い続けているユーザーの多くは目的があり、自分にピッタリフィットしたアイデアとその次に進むためのインスピレーションを求めています。さまざまなキーワードで意欲的に検索を続けると、**ホームフィード**には自分の趣味や興味に合った情報のみが表示されるようになります。ユーザーのニーズと広告が合っていれば、広告は何度でも表示され古くなることはありません。最新の情報が最上部に表示され、古い情報が流れていくSNSや他の媒体とは異なり、該当するキーワードで検索され続ける限り表示されるわけです。

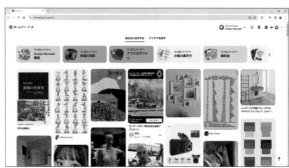

▲ [ホームフィード] には、検索キーワードや保存したピンの情報から
　ユーザーに合ったピンが表示されます

Pinterest側からのフォローアップがある

　ビジネスハブ画面では、Pinterestの営業担当とミーティングできる**ミーティングを予約する**ボタンが表示されています。広告の運用方法や予算などについてアドバイスを受けることができます。また、Pinterestの使い方や基本的な概念などを学びたい場合は、「Pinterest Academy」を利用しましょう。Pinterest Academyでは、Pinterestの基本的概要から広告キャンペーンを成功に導くための必須知識まで、幅広い講座が用意されています。ビジネスアカウントや広告を運用するにあたって、Pinterestからフォローしてもらえると心強いですよね。積極的に利用しましょう。

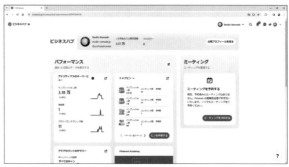

▲ [ビジネスハブ] には、Pinterest担当者に相談ができる [ミーティン
　グを予約する] ボタンが用意されています

08-02

Pinterest を活用している企業

企業の活用状況のまとめ

Pinterest のメインユーザーは10〜30代の女性のため、Pinterest に広告を出稿している
のは、生活やコスメ、ファッションなど、女性が注目する製品やサービスを提供している
企業が多い印象です。日本の企業はまだそれほど多くないことから、広告を配信するな
ら今がチャンスといえるでしょう。

認定ショップがある企業

　Pinterest では、ビジネスアカウントのうち、認定ショッププログラムの審査に通過し
たアカウントは、"認定ショップ"の称号が与えられ、青いアイコンが表示されます。認定
ショップとして認められると、**ピンのタイトルをクリックするとオンラインストアが表示**
され、そのままショッピングを楽しめるようになります。

・adidas

・Canon USA

・Etsy

・Gap

・H&M

・Shiseido

・GUESS

・SHEIN

商品を購入してみよう

1 商品のピンを開く

認定ショップのバッヂが表示されているアカウントを表示し、商品をクリックします。

1 認定ショップのバッヂが表示されているアカウントを表示

2 目的の商品をクリック

広告：Etsy

📄 Note

日本の企業はまだ少ない

　日本の大手企業がPinterest広告を運用し始めていますが、まだ日本企業の広告は数が少ないのが現状です。クールな広告を配信すれば、ユーザー注目を集める可能性も大きいでしょう。Pinterest広告を積極的に活用して、知名度をアップし、売上アップを目指してみましょう。

2 オンラインストアを表示する

商品の概要を確認し、商品のタイトルをクリックします。

1 概要を確認

2 商品のタイトルをクリック

3 商品を購入する

アカウントの企業のオンラインストアが表示されるので、そのまま購入手続きに進みます。

08-03

Pinterestについて学習しよう

Pinterestを学べる機会

Pinterestには、広告に関する基礎から成功に導くための知識を学べる「Pinterest Academy」が設置されています。「Pinterestを活用するメリット」や「クリエイティブ戦略」といった15〜25分ほどの講座が21コース用意されています。

Pinterest Academyとは？

「Pinterest Academy」は、広告キャンペーンを成功に導くための基礎知識やノウハウなどを学べるeラーニングプラットフォームです。Pinterestアカウントを取得していれば無償で受講することができ、21のコースでPinterestの概要や広告の基礎知識、運用上のヒントなどを学ぶことができます。Pinterest広告をスムースに運用するためにも、必ず受講しておきましょう。

▲Pinterest広告について学べるeラーニングプラットフォームです

Pinterest Academyのコース

コース	内容	時間
Pinterestを活用するメリット	Pinterestでの広告の仕組みと、Pinterestプラットフォーム独自の4つの優位性について学びましょう。	長さ15分
ビジネスアクセスとビジネスアカウント	ビジネスアカウント、プロフィール、チームで作業する際に必要なアクセス権を設定して、キャンペーンに向けて準備しましょう。	長さ15分
キャンペーン目的	ビジネスの目標に適したキャンペーン目的を選択する方法を学びましょう。	長さ18分
Pinterestアドのフォーマット	キャンペーンごとに最適なアドフォーマットとは何かを学びましょう。	長さ23分

Pinterest Academy のコース

コース	内容	時間
アドマネージャー	Pinterest アドマネージャーでキャンペーンを作成、管理、最適化する方法を学ぶ。	長さ 14 分
ターゲティング	ターゲティングが、広告キャンペーンにおいて重要である理由を学びましょう。	長さ 14 分
クリエイティブ戦略	このコースでは、キャンペーンの成果を高める効果的なピンの作成方法をご紹介します。	
入札とオークション	Pinterest における広告のオークションプロセス、入札方法とタイミング、入札機会に影響を与える要素について学びましょう。	長さ 26 分
Pinterest タグ	Pinterest タグの仕組み、さまざまな実装方法、そして広告キャンペーンの効果測定に役立てる方法についてご紹介します。	長さ 20 分
コンバージョン API	Pinterest コンバージョン API がどのようにコンバージョンの計測に役立つのか、および API の実装方法について学びましょう。	長さ 15 分
アトリビューションの基礎知識	Pinterest がユーザーアクションに貢献度を割り当てる方法や、Pinterest のアトリビューションウィンドウの特徴について学びましょう。	長さ 18 分
計測ソリューション	エンドツーエンドの計測戦略を構築する際に役立つ、Pinterest のさまざまな計測ソリューションをご紹介します。	長さ 25 分
Pinterest トレンドソリューション	Pinterest トレンドツールと PinterestPredicts がどのように、リーチの拡大とキャンペーンの成果向上に役立つかを学びましょう。	長さ 15 分
Pinterest ショッピングの概要	Pinterest でのショッピングが、ユーザーとビジネスの双方にもたらす価値やユニークな体験、主な機能、メリットを詳しく見ていきましょう。	長さ 15 分
Pinterest を利用する理由と活用方法	ユーザーがなぜ Pinterest を利用するのか、どのように Pinterest を活用しているのかを学び、ユーザーと広告主の両方に役立つ Pinterest のメリットを理解しましょう。	長さ 15 分
高度なターゲティング	高度なターゲティング手法を使用して、Pinterest での広告をレベルアップする方法を学習しましょう。	長さ 15 分
商品フィードのアップロード	カタログツールまたはサードパーティ EC を活用して商品を追加し、Pinterest でショップを作成する方法、および商品の効果的な管理方法について学びましょう。	長さ 20 分
Pinterest パフォーマンス向上ガイド	Pinterest パフォーマンス向上ガイドについて詳しく理解し、ガイドの戦略とベストプラクティスの導入により Pinterest キャンペーンのパフォーマンスを改善する方法について学びましょう。	長さ 20 分
コンバージョン API の実装	コンバージョン API を実装する詳しい手順と、設定のトラブルシューティング方法について学びます。	長さ 15 分
ショッピングアド	Pinterest のショッピングアドのフォーマットや、ショッピングアドキャンペーンを作成、トラッキング、最適化して最大限の成果を上げるための方法を学びましょう。	長さ 15 分
Pinterest タグの実装	Pinterest タグを実装する詳しい手順と、実装のトラブルシューティング方法について学びます。	長さ 25 分

Pinterest が注目されている理由

1 Pinterest Academy を表示する

ビジネスハブを表示し、画面下部を表示して、**Pinte rest Academy**の **コースを見る**をクリックします。

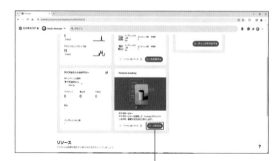

1 ビジネスハブを表示

2 Pinterest Academyの**コースを受ける**をクリック

2 コース一覧を表示する

Pinterest Academyが表示されるので、最上部にあるメニューで**コース一覧**をクリックし、コースの一覧を表示します。

1 コース一覧をクリック

3 コースを選択する

目的のコースのタイトルをクリックします。

1 目的のコースのタイトルをクリック

4 レッスンの受講を始める

スクロールして下部を表示すると、コースに用意されたレッスンが一覧表示されるので、目的のレッスンをクリックします。

1 目的のレッスンをクリック

5 レッスンを受講する

レッスンが開始されます。スクロールして受講を進めます。

⚠️ Check

Pinterestから直接アドバイスを受けよう

　Pinterestでは、広告の担当者からビデオ会議やメールで広告の運営について、具体的にアドバイスを受けることができます。Pinterest広告の目的や具体的な商品、予算、今後の展望などを担当営業に伝えると、適切な広告の出稿方法や予算のかけ方などについて説明してくれます。Pinterestとのミーティングを積極的に利用して、適切な広告を出してみましょう。

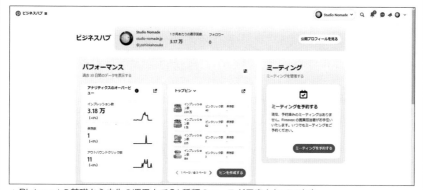

▲Pinterestの基礎から広告の運用まで21種類のコースが用意されています

用語索引

■著者

Studioノマド

ITやパソコンなどデジタルカテゴリーを得意とする著者の有志。
これまでにSNSやITを中心に50冊以上の著作実績がある。読者
には「難しいことをわかりやすく」、「簡単なことを興味深く」を
モットーに丁寧な解説文が評判である。図版を用いた解説も、パソ
コンやスマートフォンの実際の画面とリンクしたきめ細かな図解
が得意。

Pinterest完全マニュアル

発行日　2024年　3月10日	第1版第1刷

著　者　Studioノマド

発行者　斉藤　和邦

発行所　株式会社　秀和システム
　　　　〒135-0016
　　　　東京都江東区東陽2-4-2　新宮ビル2F
　　　　Tel 03-6264-3105（販売）Fax 03-6264-3094

印刷所　株式会社シナノ　　　　　　　　Printed in Japan

ISBN978-4-7980-6982-1 C3055